- 基层农牧人员能力提升培训教材
- 高素质农牧民培训教材

# 通辽市经济作物技术选编

• 叶建全　王　静　王　铎　主编 •

中国农业科学技术出版社

**图书在版编目（CIP）数据**

通辽市经济作物技术选编／叶建全，王静，王铎主编 .—北京：中国农业科学技术
出版社，2019.9

ISBN 978-7-5116-4369-8

Ⅰ.①通… Ⅱ.①叶…②王…③王… Ⅲ.①农业科技推广-中国②经济作物-栽培
技术 Ⅳ.①S3-33②S56

中国版本图书馆 CIP 数据核字（2019）第 190516 号

| | | |
|---|---|---|
| 责任编辑 | 徐定娜 | |
| 责任校对 | 马广洋 | |

| | | |
|---|---|---|
| 出 版 者 | 中国农业科学技术出版社 | |
| | 北京市中关村南大街 12 号　邮编：100081 | |
| 电　　话 | （010）82105169（编辑室）　　（010）82109702（发行部） | |
| | （010）82109709（读者服务部） | |
| 传　　真 | （010）82106650 | |
| 网　　址 | http://www.castp.cn | |
| 经 销 者 | 各地新华书店 | |
| 印 刷 者 | 北京科信印刷有限公司 | |
| 开　　本 | 710mm×1 000mm　1/16 | |
| 印　　张 | 13.5 | |
| 字　　数 | 258 千字 | |
| 版　　次 | 2019 年 9 月第 1 版　2019 年 9 月第 1 次印刷 | |
| 定　　价 | 68.00 元 | |

# 《通辽市经济作物技术选编》
# 编写人员

主　编：叶建全　　王　静　　王　铎

副主编：时　雪　　贾俊英　　宋庆诚　　张素君
　　　　张立东

编写人员：（按姓氏笔画排序）

| | | | |
|---|---|---|---|
| 丁艳秋 | 刁亚娟 | 于新超 | 小　梅 |
| 王志红 | 王海水 | 王新新 | 开　花 |
| 车梅兰 | 叶英杰 | 田德龙 | 白　雪 |
| 包美丽 | 包锁成 | 旭仁塔娜 | 刘　阳 |
| 刘玉静 | 刘冬平 | 刘兰兰 | 刘英春 |
| 刘春艳 | 刘桂霞 | 许俊雁 | 孙玉堂 |
| 孙继文 | 红　霞 | 李亚芹 | 李卓然 |
| 李明哲 | 李建梅 | 李春峰 | 李清泉 |
| 李敬伟 | 杨凤仁 | 辛　欣 | 沈祥军 |
| 张广宇 | 张宇翔 | 张志伟 | 张宏宇 |
| 张　琦 | 陈　洋 | 陈景辉 | 庞　辉 |
| 赵小芳 | 赵冬琦 | 胡明光 | 姜海超 |
| 贾　彪 | 高文博 | 郭长江 | 陶　杰 |
| 黄永丽 | 崔凤鸣 | 崔海红 | 康晓军 |
| 彭芦亮 | 斯日古冷 | 葛　星 | 森布日 |
| 潘君香 | 薛　鹏 | | |

# 目　录

# 第一章
## 设施环境调控技术

设施栽培是在一定的空间范围内进行的，因此生产者对环境的干预、控制和调节能力与影响，比露地栽培要大得多。管理的重点，是根据作物遗传特性和生物特性对环境的要求，通过人为地调节控制，尽可能使作物与环境间协调、统一、平衡，人工创造出作物生育所需的最佳的综合环境条件，从而实现蔬菜、水果、花卉等作物设施栽培的优质、高产、高效。

设施内可以人为地调控温、光、水、气、肥。

制定作物设施栽培的环境调节调控标准和栽培技术规范，必须研究以下几个问题。

一是掌握作物的遗传特性和生物学特性，及其对各个环境因子的要求。作物种类繁多，同一种类又有许多品种，每一个品种在生长发育过程中又有不同的生育阶段（发芽、出苗、营养生长、开花、结果等），上述种种对周围环境的要求均不相同，生产者必须了解。光照、温度、湿度、气体、土壤是作物生长必不可少的5个环境因子，每个环境因子对各种作物生育都有直接的影响，作物与环境因子之间存在着定性和定量的关系，这是从事设施农业生产所必须掌握的。

二是应研究各种农业设施的建筑结构、设备以及环境工程技术所创造的环境状况特点，阐明形成各种环境特征的机理。摸清各个环境因子的分布规律，对设施内不同作物或同一作物不同生育阶段有何影响，为确立环境调控的理论和基本方法、改进保护设施、建立标准环境等提供科学依据。

三是通过环境调控与栽培管理技术措施，使园艺作物与设施的小气候环境达到更加和谐、完美的统一。在摸清农业设施内的环境特征及掌握各种园艺作物生育对环境要求的基础上，生产者就有了生产管理的依据，才可能有主动权，环境调控及栽培管理技术的关键，就是千方百计使各个环境因子尽量满足某种作物的某一生育阶段，对光、温、湿、气、土的要求。作物与环境越和谐统一，其生长发育也越加健壮，必然高产、优质、高效。

农业生产技术的改进，主要沿着两个方向在进行：一是创造出适合环境条件的作物品种及其栽培技术；二是创造出使作物本身特性得以充分发挥的环境，而设施农业，就是实现后一目标的有效途径。

# 一、光照条件及其调控

## （一）设施内光分布的特点

设施内的光照与露地不同，它受设施的方位、设施的结构（屋面的角度)、透光面的大小和形状、覆盖材料的特性、还受覆盖材料清洁与否的影响。光照受到影响后,我们要从根本上和其他辅助条件上改善设施内的光照,以便得到最大限度的光照,因为光首先是植物光合作用的重要条件,其次也是设施温度保证的重要条件。

## 1. 光　强

设施内的光无论在强度上、还是时数上都比外界要低。这是由于覆盖物的遮挡、吸收、散射所致;另外,是由于塑料膜上的水珠、外层的灰尘对光的阻挡和散射。一般来说,设施内的光强是外界的50%～70%,新塑料膜大棚内的光照可达90%。

## 2. 光照时数

塑料大棚和大型连栋温室,因全面透光,无外覆盖,设施内的光照时数与露地基本相同。但单屋面温室内的光照时数一般比露地要短,因为在寒冷季节为了防寒保温,覆盖的蒲席、草苫揭盖时间直接影响设施内受光时数。在寒冷的冬季或早春,一般在日出后才揭苫,而在日落前或刚刚日落就需盖上,1天内作物受光时间不过7～8小时,光照时数要比外界短,远远不能满足园艺作物对日照时数的需求。光照时数短主要对冬季生产影响大,冬季生产的蔬菜由于没有充足的光照,蔬菜品质下降。

## 3. 光　质

光质与透明覆盖材料的性质有关,我国主要的农业设施多以塑料薄膜为覆盖材料,透过的光质就与薄膜的成分、颜色等有直接关系;玻璃温室与硬质塑料板材的特性,也影响光质的成分。由于覆盖材料不同,进入设施内的光质发生了改变。目前,在膜里添加了光质转化剂,可以使进入设施内的光转变为以蓝绿光为主的光,蓝绿光是作物光合作用过程中吸收最多的光。

## 4. 光照分布

园艺设施内光分布的不均匀性,使得园艺作物的生长也不一致。从水平、垂直两个层次来分析。

**(1) 水平分布**

东西走向的大棚:南面的光比北面的光强,如图1-1所示。

南北走向的大棚:早上光在东面,下

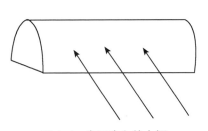

图1-1　东西走向的大棚

午光在西面，如图 1-2 所示。

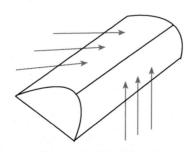

图 1-2　南北走向的大棚

温室中的光比大棚中的光在分布上更不均匀，是由于后墙、后坡、东西墙的遮阴。冬天温室的入射光要比夏天多一些，而分布也比夏天均匀些（这是按照设计温室的要求，即冬天需光入射最多，以确保得到充足的热量）。

**（2）垂直分布**

在垂直线上，光随高度的增加而增强。如图 1-3 所示。

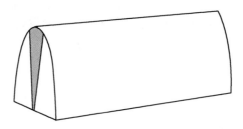

图 1-3　垂直分布

据测定，温室栽培床的前、中、后排黄瓜产量有很大的差异，前排光照条件好，产量最高，中排次之，后排最低，反映了光照分布不均匀。

单屋面温室后面的仰角大小不同，也会影响透光率的多少不同。园艺设施内不同部位的地面，距屋面的远近不同，光照条件也不同（注：后坡角对光照的影响没有温室角度的影响大）。

**（二）光照条件对作物生长发育的影响**

植物的生命活动，都与光照密不可分，因为其赖以生存的物质基础，是通过光合作用制造出来的。正如人们所说的"万物生长靠太阳"，它精辟地阐明了光照对作物生长发育的重要性。目前我国农业设施的类型中，塑料拱棚和日光温室是最主要的，约占设施栽培总面积的 90% 或更多。塑料拱棚和日光温室是以日光为唯一光源与热源的，所以光环境对设施农业生产的重要性是处在首位的。

**1. 园艺作物对光照强度的要求**

光照强弱影响作物的生产发育，不但直接影响产品品质，而且也影响产量。如冬天生产的西瓜、番茄，番茄汁液少，有时形状甚至不规则。光照强弱能影响花色，一般开花的观赏植物要求较强的光照。依据植物对光照的要求不同，将植物分为 3 种。

**（1）阳性植物**

这类作物对光照强度要求高，光饱和点在 6 万～7 万勒克斯。这类植物必须在完全的光照下生长，不能忍受长期荫蔽环境，一般原产于热带或高原阳面。

代表植物有 3 类。①花卉：2 年生花卉，宿根、球根花卉，木本花卉，仙人掌类；②蔬菜：西瓜、甜瓜、茄果类；③果树：葡萄，樱桃，桃。

光照不足会严重影响阳性植物园艺产品的产量和品质，特别是西瓜、甜瓜，含糖量会大大降低。

**（2）阴性植物**

这类植物多数起源于森林的下面或阴湿地带，不能忍受强烈的直射光线，它们多产于热带雨林或阴坡。它们对光照要求弱，光饱和点在 2.5 万～4 万勒克斯，光补偿点也很低。这类植物有 2 类。①花卉：兰科植物，观叶植物，姜科，凤梨科，天南星科，秋海棠科；②蔬菜：多数绿叶菜和葱蒜类比较耐弱光。

**（3）中性植物**

这类植物对光照要求不严格，一般喜欢阳光充足，但在微阴下生长也较好，光饱和点在 4 万～5 万勒克斯。这类植物有 3 类。①花卉：萱草（黄花菜、花卉上有紫色的），麦冬草，玉竹；②果树：李子，草莓；③蔬菜：黄瓜，甜椒，甘蓝类，白菜类，萝卜等。

**2. 园艺作物对光照时数的要求**

光照时数，一般来说越长越好，但有的植物在长光条件下不能开花结实，或者提早开花结实而不形成产品器官。这种光诱导植物开花的效应就是光周期现象。

**（1）光周期现象**

一天之内光照时数对作物开花结实生长发育影响的现象。光周期现象受季节、天气、地理纬度等的影响。

光周期现象在生产中的应用：①在花卉上可以通过控制光的长短来控制开花；②在蔬菜上，菠菜、莴笋、葱头即使不经过低温春化，在长光照的条件下也能抽薹开花。

**（2）按照作物对光照长短的需求分类**

长光性植物：要求光照在12小时以上才能开花结实，如唐菖蒲、多数绿叶菜、甘蓝类、豌豆、葱、蒜等，若光照时数少于12～14小时，则不抽薹开花，这对设施栽培这类蔬菜比较有利，因为绿叶菜类和葱蒜类的产品器官不是花或果实（豌豆除外）。

短光性植物：要求光照在12小时以下（也就是12小时以上的黑暗期）才能开花结实，常见的园艺作物有一品红、菊花、丝瓜、豇豆、扁豆、茼蒿、苋菜、蕹菜。

中光性植物：对光照长短没有严格的要求，如茄果类、菜豆、黄瓜。

**（3）光周期现象在生产上的应用**

日照长短对黄瓜开花没有影响，但对黄瓜雄雌花比例有影响，日照短利于雌花形成。

需要说明的是，短光性蔬菜对光照时数的要求不是关键，而关键在于黑暗时间长短，对发育影响很大；而长光性蔬菜则相反，光照时数至关重要，黑暗时间不重要，甚至连续光照也不影响其开花结实。

光照时间的长短对花卉开花有影响：唐菖蒲是典型的长日照花卉，要求日照时数达13小时以上才能花芽分化；而一品红与菊花则相反，是典型的短日照花卉，光照时数小于10小时，才能花芽分化。设施栽培可以利用此特性，通过调控光照时数达到调节开花期的目的。一些以块茎、鳞茎等贮藏器官进行休眠的花卉（如水仙、仙客来、郁金香、小苍兰等），其贮藏器官的形成受光周期的诱导与调节。

果树因生长周期长，对光照时数要求主要是年积累量，如杏要求年光照时数2500～3000小时，樱桃2600～2800小时，葡萄2700小时以上，否则不能正常开花结实。

以上结果说明光照时数对作物花芽分化，即生殖生长（发育）影响较大。设施栽培光照时数不足往往成为限制因子，因为在高寒地区尽管光照强度能满足要求。但1天内光照时间太短，不能满足要求，一些果菜类或观花的花卉若不进行补光就难以栽培成功。

### 3. 园艺植物对光质的要求

一年四季中，光的组成由于气候的改变有明显的变化。如紫外光的成分以夏季的阳光中最多，秋季次之，春季较少，冬季则最少。夏季阳光中紫外光的成分是冬季的 20 倍，而蓝紫光比冬季仅多 4 倍。因此，这种光质的变化可以影响同一种植物不同生产季节的产量及品质。

**（1）光的组成成分**

可见光在 390～760 纳米，占太阳光的 50%。

红外光>760 纳米，占太阳光的 48%～49%。

紫外光在 290～390 纳米，占太阳光的 1%～2%。

**（2）不同光质光的作用**

红外光：红外光主要是产生热量，特别是大于 1000 纳米的红外光是产生热量的主要光源。

紫外光：紫外光有抑制植物生长的作用；紫外光对植物体内维生素 C 的含量影响大，紫外光越强维生素 C 含量越高；紫外光对果实着色也有很大影响，因为果实着色与维生素 C 含量有很大关系。

玻璃温室栽培的番茄、黄瓜等的维生素 C 的含量往往没有露地栽培的高，就是因为玻璃阻隔紫外光的透过率，塑料薄膜温室的紫外光透光率就比较高。光质对设施栽培的园艺作物的果实着色有影响，颜色一般较露地栽培色淡，如茄子为淡紫色。番茄、葡萄等也没有露地栽培风味好，味淡，口感不甜。例如，日光温室的葡萄、桃、塑料大棚的油桃等都比露地栽培的风味差，这与光质有密切关系。光质对作物产生的生理效应见表 1-1。

表 1-1　光质对作物产生的生理效应

| 光谱（纳米） | 植物生理效应 |
| --- | --- |
| >1000 | 被植物吸收后转变为热能，影响有机体的温度和蒸腾情况，可促进干物质的积累，但不参加光合作用 |
| 1000～720 | 对植物伸长起作用，其中 700～800 纳米辐射称为远红光，对光周期及种子形成有重要作用，并控制开花及果实的颜色 |
| 720～610 | （红、橙光）被叶绿色强烈吸收，光合作用最强，某种情况下表现为强的光周期作用 |
| 610～510 | （主要为绿光）叶绿素吸收下多，光合效率也较低 |
| 510～400 | （主要为绿光）叶绿素吸收下多，光合效率也较低 |
| 400～320 | 起成形和着色作用 |
| <320 | 对大多数植物有害，可能导致植物气孔关闭，影响光合作用，促进病菌感染 |

**（3）植物对光质的利用情况**

植物光合器官中的叶绿素吸收太阳光中的红橙光、蓝紫光最多，这两种光也是植物光合作用旺盛进行的光源。

由于农业设施内光分布不如露地均匀，使得作物生长发育不能整齐一致。同一种类品种、同一生育阶段的园艺作物长得不整齐，既影响产量，成熟期也不一致。弱光区的产品品质差，且商品合格率降低，种种不利影响最终导致经济效益降低，因此设施栽培必须通过各种措施，尽量减轻光分布不均匀的负面效应。

**（三）设施内光环境的调控**

**1.影响光照环境的因素**

**（1）设施的形状、造型**

这是影响温室采光的最重要的因素。如图 1-4 所示。

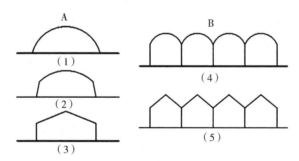

（1）、（2）、（3）为单栋大棚；（4）、（5）为连栋大棚

**图 1-4　设施的形状、造型**

**（2）骨架材料**

东西走向的大棚在太阳一天运动过程中，设施的横拉杆遮阴影响最大，阴影带不变化，因此横拉杆不能太粗。横拉杆在整个季节的影响不变，不像竖杆的阴影在一天中是变化的，影响没有横拉杆大。

**（3）塑料膜和透明覆盖物**

目前主要使用的塑料膜和透明覆盖物有：聚氯乙烯（PVC）、聚乙烯（PE）薄膜、PO 膜、乙烯—醋酸乙烯共聚物（EVA）农膜、氟素农膜、聚碳酸酯板（PC 板）、玻璃等。

覆盖物的弊端：覆盖物主要的作用是保温和透光，但是同时覆盖物也有自身不足。首先易受污染，其次设施内外温差大的时候结露水，还有就是老化的问题，老化快的就增加了成本负担。

- 塑料薄膜

聚氯乙烯（PVC）：透光率 85%（高），保温性能好，比重大，伸缩性能好，耐老化，易产生静电吸尘，价格高。因为在聚氯乙烯中使用了增塑剂，使该膜在见光后产生 $Cl_2$ 气体，对植物产生毒害作用。

聚乙烯（PE）：透光率 75%（相比 PVC 透光率低），保温性一般，比重小，伸缩性能差，不耐老化，不易产生静电吸尘，价格低。

乙烯—醋酸膜（EVA）：性能介于二者之间，是一种复合膜，具有三层，从上到下分别是防尘、保温、防滴。如图 1-5 所示。

防尘
保温
防滴

**图 1-5 EVA 结构图示**

聚对苯二甲酸乙二醇酯（PET）：是一种新膜，在日本应用推广多年（2005 年），也称为涤纶。PET 薄膜是双向拉伸聚酯薄膜，具有强度高、刚性好、透明、光泽度高等特点，并具有耐磨性、耐折叠性、耐针孔性和抗撕裂性，以及抗老化性。

- 玻璃纤维板材

FRP：不饱和聚酯玻璃纤维，厚度 0.7～0.8 毫米，可以用 10 年左右，该材料透光率不是很好。

PRA：聚丙烯树脂，不耐火，可以用 15 年左右。

MMA：丙烯树脂，厚度 1.3～1.7 毫米，效果好，具有高透光率的特点，保温性较好，被污染少，透光率的衰减慢，但是价格高。

- 新型材料

PC 板材：聚碳酸树脂，又称阳光板。厚度 0.8～1 毫米，中间是空层，空隙间距 6～10 毫米，保温性能比较好（这种板材的结构属于中间空气被隔绝，不与外界气体交流，比空心墙的效果要好）。PC 的透光率是 90%，透光率 10 年衰减 2%；重量比玻璃轻 1 倍；试用期在 15 年左右，不容易破裂，用刀也难划开；具有阻燃、防露水的特性；是 1999 年至今的最新材料，就是成本贵（表 1-2）。

表1-2　2005年9月PET、PC等原材料同期市场价格

| 品名 | 价格（元/吨） | 品名 | 价格（元/吨） |
|---|---|---|---|
| PET（聚对苯二甲酸乙二醇酯） | 11000 | LDPE（低密度聚乙烯） | 7000 |
| PC（聚碳酸酯） | 30500 | PVC（聚氯乙烯） | 6500 |
| EVA（乙烯—醋酸乙烯共聚物） | 15000 | PP（聚丙烯） | 9500 |
| LLDPE（线型低密度聚乙烯） | 9600 | PA66　（聚酰胺） | 27000 |
| HDPE（高密度聚乙烯） | 7000 | PMMA（聚甲基丙烯酸甲酯） | 20000 |

**（4）方　位**

方位的定义：温室的方位是指其长方向的法线与正南方向的夹角。

**2. 设施内光照环境的调控**

温室是采光建筑，因而透光率是评价温室透光性能的一项最基本指标。透光率是指透进温室内的光照量与室外光照量的百分比。温室透光率受温室透光覆盖材料透光性能和温室骨架阴影率的影响，而且随着不同季节太阳辐射角度不同，温室的透光率也在随时变化。温室透光率的高低就成为作物生长和选择种植作物品种的直接影响因素。一般，连栋塑料温室在50%～60%，玻璃温室的透光率在60%～70%，日光温室可达到70%以上。调控温室内光的措施如下。

**（1）改善光照**

选择好适宜的建筑场地及合理建筑方位。确定的原则是根据设施生产的季节，当地的自然环境，如地理纬度、海拔高度、主要风向、周边环境（有否建筑物、有否水面、地面平整与否等）。

设计合理角度的大棚。单屋面温室主要设计好后屋面仰角，前屋面与地面交角，后坡长度，既保证透光率高也兼顾保温好。连接屋面温室屋面角要保证尽量多进光，还要防风、防雨（雪）使排雨（雪）水顺畅。应该列举不同角度的设施进光的区别。

合理的透明屋面形状生产实践证明，拱圆形屋面采光效果好。

选用适合的经济适用的材料（包括骨架材料、覆盖物）在保证温室结构强度的前提下尽量用细材，以减少骨架遮阴，梁柱等材料也应尽可能少用，如果是钢材骨架，可取消立柱，对改善光环境很有利。

选用透光率高且透光保持率高的透明覆盖材料，我国以塑料薄膜为主，应

选用防雾滴且持效期长、耐候性强、耐老化性强等优质多功能薄膜,漫反射节能膜、防尘膜、光转换膜。大型连栋温室,有条件的可选用 PC 板材。

合理的管理和应用。一是冬季拉、放帘子要选择合适的时间,应该根据天气(温度的高低)确定,不能固定好时间拉、放帘子。原则是在保证温度的前提下最大限度的延长光照时间。二是利用反光幕、反光膜,把反光幕以一定的角度挂在温室的后墙上,角度不用算只要能把光反在作物上就行,反光材料大多数用铝箔,在冬季的时候利用放光是最好的。在没有反光幕的时候,可以把后墙涂白,来增加反光效应。三是覆盖地膜:覆盖地膜的前提条件是一定要稀植,种植密度比平时小。覆盖地膜后地温提高迅速,生长速度快,由于密度大使作物在后期相互遮阴。四是设施内种植一般不采用密植,这样会使群体内相互遮阴,作物得到的光照更少,因此要稀植。五是选用适合设施栽培的耐弱光的品种。六是采用有色薄膜,人为地创造某种光质,以满足某种作物或某个发育时期对该光质的需要,获得高产、优质。但有色覆盖材料其透光率偏低,只有在光照充足的前提下改变光质才能收到较好的效果。七是保持透明屋面清洁,使塑料薄膜温室屋面的外表面少染尘,经常清扫以增加透光,内表面应通过放风等措施减少结露(水珠凝结),防止光的折射,提高透光率。

人工补光。生产上大面积使用的话,耗能多、生产成本高,在实际生产中很少采用。例如,8 个日光灯管并排照明,只能满足 1 平方米作物的光补偿点,可想要满足生产照明,需要耗费的能源太多。人工补光在生产上大面积使用不切实际。人工补光大多用在育苗上,高纬度地区育苗多数情况下需要补光。补光处理应在下午太阳落山之前,不能等天完全黑了之后补光。因为天黑之后,叶片气孔关闭,植物是依赖储存的 $CO_2$ 进行光合作用的暗反应阶段,在气孔关闭的状态下即使补光也不能进行光合作用,因为缺少光合底物成为制约因素。即使在气孔关闭后再补光至少 2 小时之后气孔才会重新开放,补光的效果也不明显。

在人工补光时一定要注意调节温度,在不能满足光照的时候不能把温度升得过高,如果光照不足而温度过高时,作物呼吸作用大于光合作用,不利于生长发育。

**(2) 遮 光**

遮光的目的:一是减弱保护地内的光照强度;二是降低保护地内的温度。

北方的蔬菜设施生产中遮光应用很少,最多在 8 月育苗时需要遮光,目的是降低光照强度和温度。北方设施花卉栽培和生产中应用遮光设施的较多,特别是喜阴的花卉。南方，遮光时间较多。

遮光除了减少光照强度、降低温度的作用外，还可以用来调节花期，在蔬菜上用于生产韭黄、蒜黄等软化栽培的蔬菜。遮光的方法：目前使用最多的是遮阳网，遮阳网有黑色、灰色、白色。遮阳网的密度不同，遮光率相应而异，有30%、60%、80%、90%等不同规格。灰色遮阳网除遮阳外还具有除蚜的作用。遮阴的土办法有把覆盖物涂白，在覆盖物上撒草，可以放帘子遮阴，对于食用菌的栽培中大多是盖草帘子。

## 二、温度特点及调控

### （一）园艺作物对温度的要求

温度的规律和在栽培上的温度管理已经早被人类掌握了，而且也是在管理中最被重视的。

园艺作物生长对温度的基本要求有3个基本点。3个基本点是指自然条件下，①生长最低温度：10℃左右；②生长最适温度：20～28℃；③生长最高温度：35℃左右，在设施中温度最高能达到50～60℃。

#### 1. 按照作物对温度的要求分类

在自然条件下，按照作物对温度要求的不同，将作物分为：耐寒性、半耐寒性、喜温性3种；细分可以分为耐寒性、半耐寒性、喜温性、耐热性、抗热性五种。

**（1）耐寒性园艺作物**

生长适宜温度是10～15℃，可以短时间忍耐-8～-5℃低温，生长的最高温度不超过25℃，短时间超过30℃还可以生长。按作物不同对逆境的适应能力不同，分为3类。①花卉：三色堇、金鱼草、蜀葵；②蔬菜：菠菜、韭菜、甘蓝、大葱；③果树：葡萄、李子、杏、桃。

在日光温室内可进行耐寒类蔬菜的周年生产，像北京以南的比较暖和的省市，可以在小棚、阳畦内越冬生产耐寒类蔬菜。

**（2）半耐寒性蔬菜**

这类蔬菜生长的适宜温度是18～25℃，短时间能耐-2～-1℃的低温。可分为3类。①花卉：金盏菊、紫罗兰；②蔬菜：萝卜、白菜、豌豆、莴苣、蚕豆；③果树：没有明显的分界。

**（3）喜温性（包括耐热植物）**

生长最适温度是25～35℃，当温度低于10℃的时候，生长就会受到影响，当温度降到0℃的时候生长停止，换句话说就是不耐0℃低温。能不能耐0℃的低温，还与苗子的状况有关，一般来说苗期的抗旱性要比花期、果期强，经过抗旱锻炼的苗子抗寒性高。例如：温室内-3℃时能把苗子冻死，主要原因是苗子没有经过抗寒锻炼；在巴彦淖尔经过锻炼的甘蓝苗子能耐-8℃的低温。

可分为3类。①花卉：瓜叶菊、茶花、报春花；②蔬菜：瓜类——丝瓜、甜瓜、黄瓜，豆类——刀豆、豇豆，茄果类——番茄；③果树：香蕉、荔枝、龙眼等热带果树。

**2. 温度对作物的影响**

**（1）影响植物吸收能力**

温度过低主要指地温，会影响植物根系的吸收能力。地温太低，土壤中溶液的流动性减小，植物根系的活动能力减弱，从而使根系的根毛区吸水吸肥能力降低。

例子：黄瓜在低于15℃的时候，其根毛死亡，不能吸水吸肥；一定长时间内低温，黄瓜的顶芽被花芽取代，花芽大多数是雌花，即"花打顶"现象。新兴的生物信息学研究，"花打顶"现象是植物把低温信号传导至顶芽做出的反应。

**（2）影响作物的光合作用**

光合过程中的暗反应是由酶所催化的化学反应，而温度直接影响酶的活性，因此，温度对光合作用的影响也很大。除了少数的例子以外，一般植物可在10～35℃下正常地进行光合作用，其中以25～30℃相对适宜，在35℃以上时光合作用就开始下降，40～50℃时即完全停止。在低温中，酶促反应下降，故限制了光合作用的进行。光合作用在高温时降低的原因，一方面是高温破坏叶绿体和细胞质的结构，并使叶绿体的酶钝化；另一方面是在高温时，呼吸速率大于光合速率，因此，虽然真正光合速率增大，但因呼吸速率的牵制，表观光合速率便降低。

光合作用的暗反应是由酶催化的化学反应，其反应速率受温度影响，因此温度也是影响光合速率的重要因素。在强光、高$CO_2$浓度下，温度对光合速率的影响比在低$CO_2$浓度下的影响更大，因为高$CO_2$浓度有利于暗反应的进行。

昼夜温差对光合净同化率有很大的影响。白天温度较高，日光充足，有利于光合作用进行；夜间温度较低，可降低呼吸消耗。因此，在一定温度范围内，昼夜温差大，有利于光合产物积累。

**（3）低温影响呼吸作用**

温度通过影响呼吸酶的活性从而影响呼吸作用的强度。在一定温度范围内，呼吸作用的强度随温度的上升而增加，超过一定的限度，呼吸作用的强度下降，甚至呼吸作用停止。

**（4）温度对植物蒸发作用的影响**

在高温和高光强的条件下，植物的蒸腾作用强烈，蒸腾拉力是植物吸水的动力，温度降低的过程中植物不但吸水作用受阻而且吸肥能力也受到影响，也就是说温度通过影响蒸腾作用又影响到根系吸水吸肥的能力。

**（5）温度对花芽分化的影响**

许多越冬性植物和多年生木本植物，冬季低温是必需的，满足必需的低温才能完成花芽分化和开花。这在果树设施栽培中很重要，在以提早成熟为目的时，如何打破休眠，是果树设施栽培的首要问题，这就需要掌握不同果树解除休眠的低温需求量。几种果树解除休眠的低温需求量见表1-3。果树解除休眠需要 7.2℃ 以下一定低温的积累。

**表1-3　几种果树解除休眠的低温需求量**　（单位：℃）

| 树种 | 低温需求量 | 树种 | 低温需求量 |
|:---:|:---:|:---:|:---:|
| 桃 | 750～1150 | 欧洲李 | 800～1000 |
| 甜樱桃 | 1100～1300 | 杏 | 700～1000 |
| 葡萄 | 1800～2000 | 草莓 | 40～1000 |

**（二）设施内温度的特点**

**1. 热量的来源**

设室内的热量主要来源于光、加温、生物活动。光产生的热量——温室效应，光能转换为热能。生物活动是微生物发酵产生的热量。

**2. 温　差**

定义：由于光照的不均衡性造成温度在一天内、一年内变化趋势。一般常指昼夜温差。

温差在一定的变化范围内，对植物的生长有积极的作用。西瓜、甜瓜在一定的温差范围内生长，物质积累好，口感甜。番茄有一定温差范围可以很好地生长，没有温差不利于生长，比如南方的番茄果实品质差，果实长不大。但温差不能过大，温度变化剧烈会引起作物生长受阻。

变温管理：对于蔬菜作物，变温控制是目前较理想的措施。一天中通过变温控制，白天使作物进行旺盛的光合作用，日落后又促使光合产物的转移，并尽量减少呼吸消耗，以增加产量。晴天，白天日出后应维持光合作用适宜温度，经过数小时，当温度超过界限温度时，又应及时通风换气，防止高温障碍。傍晚后，室内温度急剧下降，前半夜数小时应保持较高温度，促进光合产物的转移，后半夜降至较低温度时应抑制呼吸消耗。这样可大大提高蔬菜的产量。

### 3. 设施内热的收支状况

**（1）收**

主要来源于太阳能。

**（2）支**

贯流放热（设施热量最大的流失）：通过后坡、后墙等所有设施材料等传导放热。传导放热的量与材料的质地、设施内外的温差梯度呈正比关系。

缝隙放热：通风换气的过程中散失热量，以及门、窗以及设施密封不严的热量损失。

地中传热：通过土壤向外辐射热量。

以上3种是温室大棚3种主要散热途径，3种传热量分别占总散热量的70%～80%、10%～20%和10%以下。

潜热：指水、气发生蒸发和凝结的过程中热量的吸收和释放。水蒸发成气体时吸热，相反气体凝结成水时要释放热量。

各种散热作用的结果，使单层不加温温室和塑料大棚的保温能力比较小。即使气密性很高的设施，其夜间气温最多也只比外界气温高2～3℃。在有风的晴夜，有时还会出现室内气温反而低于外界气温的逆温现象。

### 4. 温度的分布（与光照有类似的地方）

设施内温度分布的不均匀性。一般情况下，白天上面高、下面低，而夜间相反上面低、下面高。日光温室内的光照、温度分布不均匀，南北走向的温室温度分布的差异更大。

另外，设施中栽培上架的作物，架子的高度应该确定成多高呢？这要根据作物在什么温度范围内生长最好，温室内多高的位置在这个温度范围，那么架子就确定在这个高度上。温室的高度设计中就有这个问题，温室空间的高度对温度的形成有一定影响，而这个温度是在作物适宜生长的范围之内。

### （三）设施内温度调控措施

#### 1. 保温措施

设施建设的材料确定之后，我们要从减少贯流放热，通风散热上想办法保温。

#### （1）保温原理

减少向设施内表面的对流传热和辐射传热；减少覆盖材料自身的热传导散热；减少设施外表面向大气的对流传热和辐射传热；减少覆盖面的漏风而引起的换气传热，具体方法就是增加保温覆盖的层数，采用隔热性能好的保温覆盖材料，以提高设施的气密性。

#### （2）具体的保温措施

一是从墙体厚度、后坡的隔热层上着手改善。

二是膜与外保温覆盖物：膜的质量之外还有减少膜的污染和结水珠的问题；保温覆盖物有帘子的质量、帘子的通风状况等。

三是密封技术。

四是在温室内进行内部覆盖，多层覆盖：大棚内套小棚、小棚外套中棚、大棚两侧加草苫，以及固定式双层大棚、大棚内加活动式的保温幕等多层覆盖方法，都有较明显的保温效果。具体方法有 3 类。①二层幕：又叫保温幕，保温幕的材料大多是无纺布等；②二层覆盖：对于不搭架的作物，如辣椒、茄子、绿叶菜类等可以在寒流之前搭小拱棚，番茄和黄瓜等上架作物可在搭架之前进行二次覆盖；③小拱棚上再覆盖保温被、废弃的毯子等：这种方法比设施外覆盖的好处是可以放风，而且操作方便，弊端就是只能适用于低矮的作物。3 类情况如图 1-6 所示。

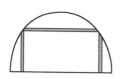

**图 1-6　保温覆盖方式**

五是增大保温比，适当减低农业设施的高度，缩小夜间保护设施的散热面积，有利提高设施内昼夜的气温和地温。加温耗能是温室冬季运行的主要障碍。提高温室的保温性能，降低能耗，是提高温室生产效益的最直接手段。温室的保温比是衡量温室保温性能的一项基本指标。保温比的概念：温室保温比是指热阻较大的温室围护结构覆盖面积同地面积之和与热阻较小的温室透光材料覆盖面积的比。保温比越大，说明温室的保温性能越好。

六是增大地表热流量。①增大保护设施的透光率，使用透光率高的玻璃或薄膜，正确选择保护设施方位和屋面坡度，尽量减少建材的阴影，经常保持覆盖材料干洁。②减少土壤蒸发和作物蒸腾量，增加白天土壤贮存的热量，土壤表面不宜过湿，进行地面覆盖也是有效措施。③设置防寒沟，防止地中热量横向流出。在设施周围挖一条宽30厘米，深与当地冻土层相当的沟，沟中填入稻壳、蒿草等保温材料。现在一般不采用挖防寒沟，对于钢拱架温室，其稳定性主要拱脚（拱架支座）是否产生位移，防寒沟的设置使拱脚不稳定而产生位移，因此一般不挖防寒沟。

### 2. 加温措施

发展方向是：尽量避免用能源加热，如煤炭、原油等价格较高的能源，以自然加热为主要发展方向。目前，在黑龙江省已经建起太阳能日光温室。加热方式以能源的类型不同划分为以下两种。

太阳能加热：利用太阳能将水加热，再通过分布于温室的循环管把热量传送至土壤。把温室的后墙涂黑，也能够吸收太阳能转化为热量。

利用能源加热：目前，多数用水暖加热，但是煤的利用率低，只有$60\% \sim 70\%$，水暖加热慢，不能迅速达到要求的温度，还有就是价格过于昂贵。以前还有一些土办法，利用火墙、火炉，这种设备的加热效率更低只有$30\% \sim 40\%$。

现在国外常用的加热设备是热风炉，国内也有热风炉。国内的热风炉以煤为燃料，通过热风在螺旋延长的管道中循环达到加热的目的，它加热产生的热量与炉子的大小相关，这种设备只能防治冻害的发生，用于加温生产不理想。国外的热风炉以天然气、白煤油为主，加热系统用计算机控制，在温室内直接燃烧，特性是热量散失快，燃放产生的$CO_2$能增加温室$CO_2$的含量，达到$CO_2$施肥的作用。唯一的不足是造价高。

### 3. 降温措施

放风：北方地区最简单、有效的方法是放风。在春夏季温度较高的时候，北方地区设施内的温度高于大气温度。

遮光：目的是减少太阳光带来的热量，达到降温的目的。

喷水喷雾：造价高的措施有喷淋系统，即有水降温。利用水蒸发吸收热量的原理，水膜既可以吸热又能反光。

强制通风降温（图1-7）：最大的弊端是消耗能量，成本高，如大型连栋温室。这种通风散热装置的优点有：一使进入温室的空气既湿又凉；二避免病菌和昆虫进入，达到防病的目的。在日光温室放风的时候，与防虫网同用防病效果更好。

对于电价低的地区使用成本低且效果好。

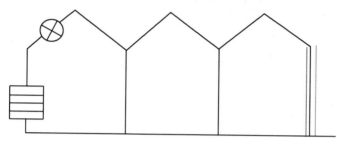

图1-7　强制通风示意图

## 三、湿度条件及调控

通常指空气湿度（包括水分），水分是植物生长发育必不可少的重要条件。但是目前人口众多，水资源缺乏，必须从节水、而且植物有足够水分用来生长的角度出发，控制设施内空气、土壤湿度。

### （一）湿度对园艺作物生长发育的影响

水是矿物质及所需肥料的溶剂，这些物质只有溶于水中才能被植物吸收利用。水也是植物体内发生各种生化反应的介质，水参与各种生化反应，如光合作用、呼吸作用等重要途径中水既是反应物又是介质。用老农民的长话说：水是根的腿，根是苗的嘴。水能促进肥的吸收（矿物质、有机物质在水中被水解成离子后才能被吸收），将肥运输到根的周围。

对于园艺产品的器官，大多数柔嫩多汁、含水量高。蔬菜的90%含有大量水分。水分的多少直接影响产品的品质和价值，水是园艺产品质量的基本保证。花卉在缺水的时候花期变短，花的颜色也改变。

水分直接影响土壤的物理特性，从而影响根系的吸收，进一步影响植物地上部的生长发育。水分多、土壤中缺乏 $O_2$，而使根系呼吸作用受到抑制，呼吸作用先上升后下降直到死亡。在生产中许多情况都是由于地下部的生长受到影响：①苗子徒长、叶片黄化、自花、茎断裂、叶片萎蔫、叶片失水，这都是由于过度失水引起的变化；②黄瓜"花打顶"现象，这是由于缺水引起瓜类作物体内苦味素分泌增加，导致生长点被花芽取代。

园艺作物对水分的需求如下。

**（1）按照作物对水分的要求不同分成 3 类**

• 耐旱植物

特征——耐旱植物有两大特征，一是根系发达、吸水力强；二是叶片蒸发少，消耗水分少。代表植物有：果树——杏树、石榴、无花果、葡萄和枣等；蔬菜——南瓜、西瓜、甜瓜、葱蒜类、石刁柏；花卉——仙人掌科、景天科植物。

具体举例说明：葱蒜类无根毛、须根系，蒸发面积小，叶表面有白蜡粉；西瓜、南瓜、甜瓜叶片掌状，表面有白粉状物质以阻止水分蒸发；阿拉善盟地区的植物叶片已经退化成针状，叶色为灰白色，把叶子切开，内部是绿色的、水分含量多于表层；果树的根系发达，扎根较深，叶片表皮蜡质或粉质，如杏、桃、李子、无花果；仙人掌科植物的叶片已经退化成针状，为了减少蒸发适应沙漠的环境，景天科植物叶片表层分泌有蜡质、粉质物以减少蒸发；相反，韭菜原产于西伯利亚，这里是海湾地带、风大，其特性是适应环境的结果，根毛退化成须根系，叶片柔嫩。

• 湿生植物

特征——根系吸水能力减弱，叶片薄而大，水分蒸发消耗量大，多原产于热带、沼泽地带。代表植物有：蔬菜——芋、莲藕、菱、芡实、莼菜、茭白、水芹、蒲菜、豆瓣菜和水蕹菜等；花卉——荷花、睡莲、凤梨科、菊、兰科。这类植物在生产管理中一定要高湿度的管理。

• 中生植物

特征——不耐旱、不耐涝，大多数园艺作物都属于中生植物，一般旱地栽培要求经常保持土壤湿润。代表植物有：果树——苹果、梨、樱桃、柿子、柑橘；蔬菜——根菜类、茄果类、瓜类、豆类、叶菜类；大多数花卉。

**（2）作物对空气湿度的要求**

设施内的空气湿度是由土壤水分的蒸发和植物体内水分的蒸腾，而且在设施密闭情况下形成的。表示空气潮湿程度的物理量，称为湿度。通常用绝对湿度和相对湿度来表示。设施内作物由于生长势强，代谢旺盛，作物叶面积指数高，通过蒸腾释放出大量水蒸气，在密闭情况下水蒸气很快达到饱和，空气相对湿度比露地栽培要高得多。高湿，是农业设施湿度环境的突出特点。特别是设施内夜间随着气温的下降相对湿度逐渐增大，往往能达到饱和状态。

蔬菜是我国设施栽培面积最大的作物，多数蔬菜光合作用适宜的空气相对湿度为60%～85%，低于40%或高于90%时，光合作用会受到阻碍，从而使生长发育受到不良影响。不同蔬菜种类和品种以及不同生育时期对湿度要求不尽相同，但其基本要求大体见表1-4。

表1-4　蔬菜作物对空气湿度的基本要求

| 类型 | 蔬菜种类 | 适宜相对湿度（%） |
| --- | --- | --- |
| 较高湿型 | 黄瓜、白菜类、绿叶菜类、水生菜 | 85～90 |
| 中等湿型 | 马铃薯、豌豆、蚕豆、根菜类（胡萝卜除外） | 70～80 |
| 较低湿型 | 茄果类 | 55～65 |
| 较干湿型 | 西瓜、甜瓜、胡萝卜、葱蒜类、南瓜 | 45～55 |

## （二）空气湿度及调控

### 1. 设施内空气湿度的形成及特点

空气湿度（自然界）在大田、露地受自然环境的调控。设施内由于覆盖，空气与外界的交流被阻止，设施内空气湿度形成的主要来源是：①地面蒸发，这部分占的比例最大。由于设施内外温差大，使设施内的水分由气态变为液态，水滴落在地面上，再被蒸发；②植物本身的叶片蒸发的水分；③地表灌水时表面蒸发的水分。

湿度变化的规律（相对湿度）：每天的日变化随气温的变化而变化，温度升高湿度降低。中午温度最高，湿度最低；夜间和早晨温度最低，湿度较高。夏季湿度容易调节；冬季由于覆盖，遮阴使湿度在一天内的变化不大，又不能防风所以湿度不容易调节。

湿度大对作物生长的影响：结露，水气在叶片表面上形成水珠，这种情况容易引起病害。

### 2. 湿度的调控

#### （1）降低湿度（除湿）

除湿的目的：①降低湿度，减少病害；②湿度过大，叶片蒸腾作用受到阻碍，进一步影响植物水分的运输（蒸腾拉力是植物水分运输的主要动力）。

降低湿度的方法：①最简单的方法就是放风，但是放风必须是在适宜的季节，冬季、阴雨天都不适合放风；②强制除湿，通过循环系统抽气—干燥—排放的步骤，这种办法消耗能源大，不适于大面积生产。还有北方高寒地区湿度大的时候，可以通过升高设施内的温度达到降低湿度的目的。③科学灌溉：地面覆盖地膜可阻止土壤蒸发，同时配套使用膜下暗灌的灌水方式，如滴灌、渗灌。覆盖地膜特别适用于冬季温室生产，这种方法既有效地反射太阳光，又能增加地温、除草、保水（保水的同时也降低了设施内的湿度），是一种有效提高产量的栽培措施（图1-8）。

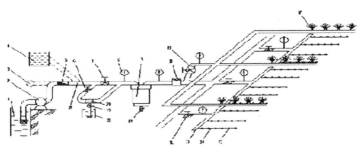

图1-8　滴灌的示意图

#### （2）增加湿度（加湿）

空气太干燥也不利于植物生长，特别是对原产于热带、沼泽、阴暗地带的植物，如花卉中的观叶植物不适应干燥的气候。加湿的方法有喷雾加湿，可以使用喷淋设备、或喷灌，一般大型的连栋温室都有喷雾装置；也可以人工喷雾。

### （三）土壤湿度的调控——主要是通过灌水、锄地来调控

设施内环境是处于一种半封闭状态的系统，空间较小，气流稳定，有隔断了天然降水对土壤水分的补充，因此，设施内土壤表层水分欠缺时，只能由土壤深层通过毛细管上升水予以补充，或采取灌溉技术措施予以解决。

### 1. 设施内不同植物对土壤湿度的要求

园艺作物需水量较多，对水分敏感，但园艺作物的需水要求各不相同，主要取决于其他地下部分对土壤水分的吸收能力和地上部分水分的消耗量。

**（1）蔬菜对设施内土壤湿度的要求**

在蔬菜的生长发育过程中，任何时期缺水都将影响其正常生长。蔬菜在发育过程中缺水时，植株萎蔫，气孔关闭，同化作用停止，木质部发达，组织粗糙，纤维增多，苦味增加，若严重缺水，则会使细胞死亡，植株枯死。但是，若连续一段时间土壤水分过多，土壤湿度过大，超过了蔬菜生育期的耐渍和耐淹能力，也会造成蔬菜产量下降，减少蔬菜中的营养含量，香味不浓，品质降低，收获后产品容易腐烂，不耐贮藏，甚至植株死亡。各种蔬菜对土壤水分的要求见表1-5。

**表1-5 各种蔬菜对土壤水分的要求**

| 蔬菜种类 | 特点及对土壤水分的要求 |
| --- | --- |
| 藕、茭白、慈姑、荸荠等 | 根群不发达，吸收水分能力弱，叶保护组织不发达，蒸腾率大，消耗水分极多，需水田栽培，要求多雨而湿润的气候 |
| 黄瓜、大白菜、甘蓝、莴笋、芥菜、萝卜及绿叶菜等 | 根群分布浅，叶蒸腾面积大，消耗水分多，需水量较大，要求土壤湿度较高，栽培上必须经常浇水 |
| 葱蒜类、石刁柏 | 根群不发达，分布浅，为弦状根，无根毛，叶为管状叶，表面具有蜡粉（石刁柏叶退化成鳞片并为叶状枝所代替）叶面蒸腾量不大，消耗水分少，但要求土壤湿度较高，尤其是食用器官生长时期，栽培上必须经常浇水，保持土壤湿润，但量要少些 |
| 西葫芦、豆类、番茄、辣椒、马铃薯、胡萝卜等 | 根群发达，分布深，能利用较深层土壤水分，虽然叶面蒸腾量很大，消耗水分，但较耐旱，要求适中的土壤湿度，栽培上仍需经常浇水 |
| 南瓜、西瓜、甜瓜 | 根群强大，分布很深，吸水力强，叶具缺裂、蜡粉或茸毛可减少叶面蒸腾，消耗水分较少，耐旱性强，较低的土壤的湿度即能满足要求，栽培上可少浇水 |

蔬菜各生育时期对土壤水分的要求：①幼苗期。蔬菜苗期组织柔嫩，对土壤水分要求比较严格，过多过少都会影响苗期正常生长。②开花结果期。一般果菜类从定植到开花结果，土壤含水量要稍微低些，避免茎叶徒长。但在开花或采收期，如果水分不足，子房发育受到抑制，又会引起落花或畸形果。

土壤水分的多少直接关系到植物的营养条件，对开花结实有间接的影响。

不管是黄瓜、番茄、茄子，以及叶菜类，在进入结果期和采收期后，均需要较高的土壤水分。

**（2）花卉对土壤湿度的要求**

详见表1-6。

表1-6　各种花卉对土壤水分的要求

| 项目 | 种类 | 特点及对土壤水分的要求 |
|---|---|---|
| 湿生花卉 | 水仙、马蹄莲、蕨类、龟背竹、旱伞草海芋、竹节万年青、何氏凤仙、鸭跖草 | 叶大而薄，柔嫩且多汁，角质层不厚，蜡质层不明显，根系分布浅且分枝少，需要在十分潮湿的环境中生长 |
| 较耐旱的中性花卉 | 桂花、白玉兰、海棠花、石榴、月季、米兰、扶桑 | 要求在土壤比较湿润而又有良好的排水条件下生长，过干和过湿的环境对其生长都不利。一般保持60%的土壤含水量 |
| 较耐湿的中性花卉 | 腊梅、夹竹桃、迎春花 | |
| 旱生花卉 | 仙人掌、景天、龙舌兰、石莲花、虎刺梅 | 耐旱怕涝，所以对土壤湿度要求特别低，宁干勿湿 |

## 2. 设施土壤湿度的调控

**（1）浇水时间**

按照作物需水时期和需水量明确灌水时间。作物的不同生长阶段，对水分的需求不同，营养生长期一定要按照生理指标合理浇水，分苗之后什么时候浇，炼苗时怎么浇，定植后什么时候浇，都有各自的生理指标。例如，开花期要控制水量，结果期大量浇水。

但是浇水还要根据作物生长状况、季节、土壤墒情具体决定浇水与否，不能照搬书本。在夏季高温、干旱的时候多浇水。原则是通过土壤调节根系对水分的吸收。

**（2）灌水量**

根据作物生长状况、季节、土壤墒情具体决定浇水量。

**（3）灌水方式**

详见图1-9。

● 滴　灌

滴灌由地下灌溉发展而来，是利用一套塑料管道系统将水直接输送到每棵植物的根部，水由每个滴头直接滴在根部上的地表，然后渗入土壤并浸润作物根系最发达的区域。其突出优点是非常省水，自动化程度高，可以使土壤湿度始终保持在最优状态。但需要大量塑料管，投资较高，滴头极易堵塞。把滴灌

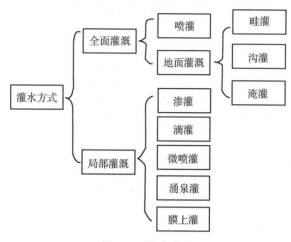

图 1-9　灌水方式

毛管布置在地膜的下面，可基本上避免地面无效蒸发，称之为膜下滴灌。

- 喷　灌

是利用专门设备将有压力的水输送到灌溉地段，并喷射到空中分散成细小的水滴，像天然降雨一样进行灌溉。其突出优点是对地形的适应性强，机械化程度高，灌水均匀，灌溉水利用系数高，尤其适合于透水性强的土壤，并可调节空气湿度和温度。但基建投资较高，而且受风的影响大。

- 渗　灌

渗灌是利用修筑在地下的专门设施（地下管道系统）将灌溉水引入田间耕作层借毛细管作用自上而下湿润土壤，所以又称地下灌溉。近年来也有在地表下埋设塑料管，由专门的渗头向植物根区渗水。其优点是灌水质量好，蒸发损失少，少占耕地便于机耕，但地表湿润差，地下管道造价高，容易淤塞，检修困难。

# 四、气体条件及调控

## （一）气体条件对园艺作物生长的影响

### 1. $CO_2$

$CO_2$ 是光合作用的原料，能够直接作用于生产。作物的 $CO_2$ 补偿点 40～

70 毫克/升，$CO_2$ 饱和点是 1000~1600 毫克/升。一般条件下 $CO_2$ 浓度与温度、光照协调的情况下有利于植物生长。使用 $CO_2$ 是农作物高产优质的有效措施。

**2. $O_2$**

有句俗语——温室是个大氧吧。植物最需要 $O_2$ 的部位是根系，可以通过锄地改善土壤通气状况增加土壤中的 $O_2$ 含量，不能使土壤中的水分含量过高，水分高 $O_2$ 含量就会下降。另外，种子发芽除需要温度和水之外，还必须有充足的 $O_2$。氧气缺乏造成发芽不整齐、甚至不发芽。

**3. 有毒气体**

肥料中分解释放的 $NH_3$、CO、$SO_2$，或者塑料膜中受热释放的 PVC（聚氯乙烯）、$C_2Cl_4$ 等。

**（1）氨 气**

氨气的产生：主要是施用未经腐熟的人粪尿、畜禽粪、饼肥等有机肥（特别是未经发酵的鸡粪），遇高温时分解发生。追施化肥不当也能引起氨气为害，如在设施内应该禁用碳铵、氨水等。

为害：氨气是设施内肥料分解的产物，其为害主要是由气孔进入体内而产生的碱性损害。氨气呈阳离子状态（$NH_4^+$）时被土壤吸附，可被作物根系吸收利用，但当它以气体从叶片气孔进入植物时，就会发生为害。当设施内空气中氨气浓度达到 0.005‰（5 毫升/立方米）时，就会不同程度地为害作物。

其为害症状是：叶片呈水浸状，颜色变淡，逐步变白或褐，继而枯死。一般发生在施肥后几天。番茄、黄瓜对氨气反应敏感。

**（2）二氧化氮**

产生：二氧化氮是施用过量的铵态氮而引起的。施入土壤中的铵态氮，在亚硝化细菌和硝化细菌作用下，要经历一个铵态氮→亚硝态氮→硝态氮的过程。在土壤酸化条件下，亚硝化细菌活动受抑，亚硝态氮不能转化为硝态氮，亚硝态酸积累而散发出二氧化氮。施入铵态氮越多，散发二氧化氮越多。当空气中二氧化氮浓度达 0.002‰（2 毫升/立方米）时可为害植株。

为害症状是：叶面上出现白斑，以后褪绿，浓度高时叶片叶脉也变白枯死。番茄、黄瓜、莴苣等对二氧化氮敏感。

### （3）二氧化硫

二氧化硫又称亚硫酸气体，是由燃烧含硫量高的煤炭或施用大量的肥料而产生的，如未经腐熟的粪便及饼肥等在分解过程中，也释放出多量的二氧化硫。二氧化硫对作物的危害主要是由于二氧化硫遇水（或湿度高）时产生亚硫酸，亚硫酸是弱酸，能直接破坏作物的叶绿体，轻者组织失绿白化，重者组织灼伤，脱水，萎蔫枯死。

### （4）乙烯和氯气

大棚内乙烯和氯气的来源主要是使用有毒的农用塑料薄膜或塑料管。因为这些塑料制品选用的增塑剂、稳定剂不当，在阳光暴晒或高温下可挥发出如乙烯、氯气等有毒气体，为害作物生长。受害作物叶绿体解体变黄，重者叶缘或叶脉间变白枯死。

## （二）气体条件的调控——$CO_2$

气体中最重要的是 $CO_2$，是光合作用的重要底物，直接关系到作物的产量。

### 1. $CO_2$ 来源

①最主要的来源是有机肥分解释放 $CO_2$ 和热量；②放风时外界的 $CO_2$ 进入大棚，放风的同时也是补充 $CO_2$；③作物本身呼吸作用释放的 $CO_2$；④人工施用 $CO_2$。

设施中 $CO_2$ 浓度的变化曲线见图 1-10。图中：作物光合作用从早上到中午是最强烈的，11 点开始放风，$CO_2$ 浓度与外界基本相同，下午 4 点左右又有 2 个小时的光合作用高峰期，这时的高峰没有早上光合作用强烈。

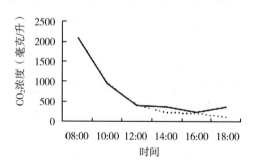

图 1-10  $CO_2$ 浓度的变化曲线

目前，国内常用的 $CO_2$ 施肥办法如下。

- 化学反应法

利用碳酸盐与酸反应产生二氧化碳的方法，这个方法的好处是产生的盐如 $(NH_4)_2SO_4$ 依然可以作为氮肥使用，把它随水浇到地里，能够起到施肥的作用。

- 燃烧法

不足：燃烧不充分会产生 $CO$、$SO_2$ 等有害气体。

克服：加一个过滤装置，容器内放有小苏打、$NaHCO_3$ 溶液，燃烧后生成的气体通过过滤装置被释放到大棚中。

曾经用过的方法：把焦炭烧红、直接放在设施中，其燃烧释放 $CO_2$。

国外采用的方法：天然气、白煤油燃烧加热同时释放 $CO_2$。这些燃料杂质少，可以直接利用，目前大型连栋温室多采用这种方法。

- 生物法

设施中利用其他生物释放 $CO_2$，比如黄瓜架下种植蘑菇，因为蘑菇生长不需要光要求阴暗的条件，这样黄瓜和蘑菇可以相互依托，黄瓜为蘑菇遮阴、蘑菇为黄瓜提供 $CO_2$。

也可以利用养殖的方法就是在大棚中的一部分养羊、牛，但是不能养猪、鸡，因为猪和鸡释放的 $NH_3$ 对作物造成毒害作用，而牛和羊不仅不释放 $NH_3$ 而且还能把自身的热量提供与温室，其厩肥发酵过程释放的 $CO_2$ 和呼吸作用产生的 $CO_2$ 可以被作物利用。

- 直接法

用气罐直接释放 $CO_2$ 到设施中，施放的量按照气压下降的数值计算 $CO_2$ 的体积。

### 2. $CO_2$ 调控——主要是增加 $CO_2$ 的浓度

**（1）增施有机肥**

最直接最有效的办法是增施有机肥。在设施中必须以增加有机肥作为改善土壤、增加 $CO_2$、避免连作土壤肥力缺乏最有效的办法。

**（2）合理放风**

不能单纯考虑单一的因素，只为改善一个条件而放风。比如为了降低湿度在晚上放风或放底风，会使 $CO_2$ 浓度大大降低，不利于光合作用，影响光合必然会影响产量。

**（3）人工施用 $CO_2$**

- 施用浓度

浓度应该控制在 800～1000 毫克/升，饱和度在 1000～1600 毫克/升。通过计算设施的容积和 $CO_2$ 浓度来确定 $CO_2$ 的用量，从而确定反应物的量。

- 施用时间

太阳出升后的 2 小时，$CO_2$ 很快降到 360 毫克/升以下，此时 $CO_2$ 浓度降低很快，在这时使用 $CO_2$ 是最好的时机。温度高、已经缺乏时用效果不是很明显。因为气孔已经关闭（高温缺少 $CO_2$ 必然引起的植物生理现象），使用 $CO_2$ 没有作用。

此外，还可以在下午 4 点时施用 $CO_2$。因为太阳初升 4 小时后，由于管理合理光合产物积累过剩，即使再增施 $CO_2$ 也没用，在光合产物被转运后气孔没用关闭之前再使用 $CO_2$，充分发挥植物的光合能力，提高产量。

- 其他条件

在施用 $CO_2$ 的同时，温度管理要比平时增加 7℃左右，湿度也相应增高，土壤水分充足，苗子的根系必须健壮，肥料充足，除 N、P、K 之外还要补充微肥。

根系——根系强壮才能有很强的吸水能力，植物不会因为高温、干旱发生萎蔫。温度高蒸腾作用强烈、蒸发失水，水作为底物被消耗，因此根系必须提供大量的水。水分降低会使物质浓度增大，叶子发生萎蔫，气孔关闭，光合作用停止。另外，植株健壮、运输系统发达、叶绿体结构完善、各部位功能协调也是光合作用顺利进行的保证。

N、P、K——光合作用越旺盛、对各种酶和相关物质的需求越大，而这几种元素是大多数酶的调节因子，或结构物质不能缺少。

### （三）预防有害气体

有毒气体：主要是 $NH_3$，不要多施猪粪、鸡粪，使用氨肥时要注意用量。用燃烧的办法补充时，要注意 CO、$SO_2$ 中毒。

合理施肥。大棚内避免使用未充分腐熟的厩肥、粪肥，要施用完全腐熟的有机肥。不施用挥发性强的碳酸氢铵、氨水等，少施或不施尿素、硫酸铵，可使用硝酸铵。施肥要做到基肥为主，追肥为辅。追肥要按"少施勤施"的原则。要穴施、深施，不能撒施，施肥后要覆土、浇水，并进行通风换气。

通风换气。每天应根据天气情况，及时通风换气，排出有害气体。

选用优质农膜。选用厂家信誉好、质量优的农膜、地膜进行设施栽培。

加温。炉体和烟道要设计合理，保密性好。应选用含硫量低的优质燃料进行加温。

加强田间管理。经常检查田间，发现植株出现中毒症状时，应立即找出病因，并采取针对性措施，同时加强中耕、施肥工作，促进受害植株恢复生长。

## 五、土壤环境及其调控

土壤是作物赖以生存的基础，作物生长发育所需要的养分和水分，都需从土壤中获得，所以农业设施内的土壤营养状况直接关系作物的产量和品质，是十分重要的环境条件。

### （一）农业设施土壤环境特点及对作物生育的影响

农业设施如温室和塑料拱棚内温度高，空气湿度大，气体流动性差，光照较弱，而作物种植茬次多，生长期长，故施肥量大，根系残留量也较多，因而使土壤环境与露地土壤很不相同，影响设施作物的生育。

#### 1. 土壤盐渍化

土壤盐渍化是指土壤中由于盐类的聚集而引起土壤溶液浓度的提高，这些盐类随土壤蒸发而上升到土壤表面，从而在土壤表面聚集的现象。土壤盐渍化是设施栽培中的一种十分普遍现象，其危害极大，不仅会直接影响作物根系的生长，而且通过影响水分、矿质元素的吸收、干扰植物体内正常生理代谢而间接地影响作物生长发育。

土壤盐渍化现象发生主要有两个原因。

第一，设施内温度较高，土壤蒸发量大，盐分随水分的蒸发而上升到土壤表面；同时，由于大棚长期覆盖薄膜，灌水量又少，加上土壤没有受到雨水的直接冲淋，于是，这些上升到土壤表面（或耕作层内）的盐分也就难以流失。

第二，大棚内作物的生长发育速度较快，为了满足作物生长发育对营养的要求，需要大量施肥，但由于土壤类型、土壤质地、土壤肥力以及作物生长发育对营养元素吸收的多样性、复杂性，很难掌握适宜的肥料种类和数量，所以常常出现过量施肥的情况，没有被吸收利用的肥料残留在土壤中，时间一长就大量累积。

土壤盐渍化随着设施利用时间的延长而提高。肥料的成分对土壤中盐分的浓度影响较大。氯化钾、硝酸钾、硫酸铵等肥料易溶解于水，且不易被土壤吸附，从而使土壤溶液的浓度提高；过磷酸钙等不溶于水，但容易被土壤吸附，故对土壤溶液浓度影响不大。

#### 2. 土壤酸化

由于化学肥料的大量施用，特别是氮肥的大量施用，使得土壤酸度增加。

因为，氮肥在土壤中分解后产生硝酸留在土壤中，在缺乏淋洗条件的情况下，这些硝酸积累导致土壤酸化，降低土壤的 pH 值。

由于任何一种作物，其生长发育对土壤 pH 值都有一定的要求，土壤 pH 值的降低势必影响作物的生长；同时，土壤酸度的提高，还能制约根系对某些矿质元素（如磷、钙、镁等）的吸收，有利于某些病害（如青枯病）的发生，从而对作物产生间接危害。

### 3. 连作障碍

设施中连作障碍主要包括以下几个方面。

第一，病虫害严重。设施连作后，由于其土壤理化性质的变化以及设施温湿度的特点，一些有益微生物（如铵化菌、硝化菌等）的生长受到抑制，而一些有害微生物则迅速得到繁殖，土壤微生物的自然平衡遭到破坏，这样不仅导致肥料分解过程的障碍，而且病害加剧；同时，一些害虫基本无越冬现象，周年为害作物。

第二，根系生长过程中分泌的有毒物质得到积累，进而影响作物的正常生长。

第三，由于作物对土壤养分吸收的选择性，土壤中矿质元素的平衡状态遭到破坏，容易出现缺素症状，影响产量和品质。

### （二）农业设施土壤环境的调节与控制

#### 1. 科学施肥

科学施肥是解决设施土壤盐渍化等问题的有效措施之一。

科学施肥的要点有：第一，增施有机肥，提高土壤有机质的含量和保水保肥性能；第二，有机肥和化肥混合施用，氮、磷、钾合理配合；第三，选用尿素、硝酸铵、磷铵、高效复合肥和颗粒状肥料，避免施用含硫、含氯的肥料；第四，基肥和追肥相结合；第五，适当补充微量元素。

#### 2. 实行必要的休耕

对于土壤盐渍化严重的设施，应当安排适当时间进行休耕，以改善土壤的理化性质。在冬闲时节深翻土壤，使其风化，夏闲时节则深翻晒白土壤。

#### 3. 灌水洗盐

一年中选择适宜的时间（最好是多雨季节），解除大棚顶膜，使土壤接受雨水的淋洗，将土壤表面或表土层内的盐分冲洗掉。必要时，可在设施内灌水洗盐。这种方法对于安装有洗盐管道的连栋大棚来说更为有效。

### 4. 更换土壤

对于土壤盐渍化严重，或土壤传染病害严重的情况下，可采用更换客土的方法。当然，这种方法需要花费大量劳力，一般是在不得已的情况下使用。

### 5. 严格轮作

轮作是指按一定的生产计划，将土地划分称若干个区，在同一区的菜地上，按一定的年限轮换种植几种性质不同的作物的制度，常称为"换茬"或"倒茬"。

轮作是一种科学的栽培制度，能够合理地利用土壤肥力，防治病、虫、杂草为害，改善土壤理化性质，使作物生长在良好的土壤环境中。可以将有同种严重病虫害的作物进行轮作，如马铃薯、黄瓜、生姜等需间隔 2～3 年，茄果类 3～4 年，西瓜、甜瓜 5～6 年，长江流域推广的粮菜轮作、水旱轮作可有效控制病害（如青枯病、枯萎病）的发生；还可将深根性与浅根性及对养分要求差别较大的作物实行轮作，如消耗氮肥较多的叶菜类可与消耗磷钾肥较多的根、茎菜类轮作，根菜类、茄果类、豆类、瓜类（除黄瓜）等深根性蔬菜与叶菜类、葱蒜类等浅根性蔬菜轮作。

### 6. 土壤消毒

#### （1）药剂消毒

根据药剂的性质，有的灌入土壤，也有的洒在土壤表面。使用时应注意药品的特性，举几种常用药剂为例说明。

甲醛（40%）。40%甲醛也称福尔马林，广泛用于温室和苗床土壤及基质的消毒，使用的浓度 50～100 倍。使用时先将温室或苗床内土壤翻松，然后用喷雾器均匀喷洒在地面上再稍翻一下，使耕作层土壤都能沾着药液，并用塑料薄膜覆盖地面保持 2 天，使甲醛充分发挥杀菌作用以后揭膜，打开门窗，使甲醛散发出去，两周后才能使用。

氯化苦。主要用于防治土壤中的线虫，将床土堆成高 30 厘米的长条，宽由覆盖薄膜的幅度而定，每 30 平方厘米注入药剂 3～5 毫升至地面下 10 厘米处，之后用薄膜覆盖 7 天（夏）到 10 天（冬），以后将薄膜打开放风 10 天（夏）到 30 天（冬），待没有刺激性气味后再使用。该药剂对人体有毒，使用时要开窗，使用后密闭门窗保持室内高温，能提高药效，缩短消毒时间。

硫黄粉。用于温室及床土消毒，消灭白粉病菌、红蜘蛛等，一般在播种前或定植前 2～3 天进行熏蒸，熏蒸时要关闭门窗，熏蒸一昼夜即可。

**（2）蒸汽消毒**

蒸汽消毒是土壤热处理消毒中最有效的方法，大多数土壤病原菌用60℃蒸汽消毒30分钟即可杀死，但对 TMV（烟草花叶病毒）等病毒，需要90℃蒸汽消毒 10 分钟。多数杂草的种子，需要 80℃左右的蒸汽消毒 10 分钟才能杀死。

# 第二章

# 温室早春番茄模式化栽培技术

## 一、番茄的生物学特性

### 1. 根

番茄属深根性作物,根系比较发达,分枝性强,分布广而深,吸水吸肥能力很强。最深可达入土 1 米,侧根水平伸展 2.5～3 米;经移栽的番茄,其主根受到一定影响,但侧根发达,须根多,恢复生长也很快。经移植以后,主根发育较快,一般先向下生长,而后随花果增加,逐渐向两侧水平生长,依次形成侧根和各次分根,直至长成强大根系。根系生长要求适宜的土壤温度(1～5 厘米土层)为 10～22℃,低限 13～14℃,高限 32℃。根际温度低于 12℃时,根系正常生长受阻;低于 6℃时,根毛生长停滞。

大多数根系分布在 30 厘米耕层中,茎节上易生不定根,所以条件允许可扦插繁殖。

### 2. 茎

半蔓生半直立性,栽培时需吊架,否则很难独立生长。每个叶腋都会出现侧枝,且侧枝的生长速度很快,会与主蔓争夺养分。生产中对弱苗应及早打掉侧枝,有利于主蔓的定型和发育。壮苗可稍晚去侧枝,可平衡营养。

### 3. 花

番茄的花为完全花,雌雄同花,聚伞花序,每一花序大果型为 5～8 朵,小果型一般 10～30 朵。自花授粉花药成熟向内侧纵裂,散出花粉,柱头为雌蕊接受花粉而完成受精过程。天然杂交率低于 10%。

番茄的花柄和花梗连接处,有明显的凹陷圆环,叫"离层",条件不适时就会形成断带,引起落花。

番茄的花芽是由生长点的质变而形成的。番茄的花芽分化开始于播种后的 20～30 天,具有 2～3 片真叶,开始分化第一花序,在第一花序分化 9～13 天,即播种后 34～40 天进行分化第二花序,这时第一花序已经分化 5～6 朵花,第三花序的分化是在播种后 43～47 天,相当于第二花序分化后 9～11 天,在此时期第一花序分化 8～12 朵花,第二花序分化 4～6 朵花。在番茄栽培中,要使花芽分化提早,降低花序节位,缩短花芽分化的日数,争取早熟丰产,就要加强苗床管理,培育壮苗。

### 4. 种子

种子发芽年限能保持 5 年,但是 1～2 年种子发芽最高。千粒重平均

3.25 克。

番茄属于喜温性蔬菜，较耐低温，但不耐炎热和干旱，在月平均温度 18～25℃的季节里生长良好，但不同的生育段对温度的要求及反应是有差异的。

对光照要求，番茄是喜光性作物，生长发育需要充足的光照，每天日照时数 12～14 小时，光照强度达 40000～50000 勒克斯为番茄理想的光照条件。

## 二、番茄的生育周期

详见表 2-1。

**表 2-1　番茄的生长发育周期**

| 发育阶段 | 发芽期 | 幼苗期 | 花期 | 结果期 | 膨大期 | 采收期 |
|---|---|---|---|---|---|---|
| 天数 | 15 | 45 | 30 | 25 | 60～80 | 20 |
| 全生育期 130～180 天（或更长） | | | | | | |

## 三、番茄早春栽培的优良品种

早熟品种映霞，中熟品种粉齐、佳宝二号等。

粉齐品种特性，中早熟一代杂种，生长势中等，无限生长类型，叶片稀，耐弱光，坐果集中。低温寡照条件下，果实发育快。果实高圆形，粉红色，单果重 230 克左右，果肉坚实，耐贮运。中前期产量高。

## 四、栽培技术

### 1. 生产期的确定

春提早，定植期 2 月 10 日至 3 月 10 日，苗龄 70～80 天，育苗时间 10 月 20 日至 11 月 30 日。

### 2. 育　苗

#### （1）浸种催芽

育苗时要比实际用量多育的 30% 的苗数为好（市场出售的包装袋一般 10

克约有 2500～3000 粒），以备定植有足够的齐苗壮苗移栽用。把种子放入 55℃热水中，浸泡 15 分钟并搅拌，再浸入 1%的高锰酸钾溶液中浸 15 分钟（包衣种子可直接浸泡发芽），然后用清水冲洗干净，用 30℃温水浸泡 8～10 小时，放在小碗中，用干净的湿布盖上，上边套上塑料袋，保持温度 28～30℃，每天翻动 3 次，出芽后可将先出芽的挑选出来低温保存，然后再次催芽，直到大部分出齐。一般 10 天左右可出齐芽。

**（2）育苗设施准备**

● 地热线加小拱棚

地热线每百米可控制 10 平方米左右，每平方米可放置 100～120 株苗。具体操作：将需要的面积下挖 5 厘米，刮平，然后按 10 厘米等距铺线，再将土回填刮平即可使用。小拱棚采用竹架或木架结构，高 1.5 米，东西走向。外膜以透光好的塑料膜为好。膜外边准备棉被等用于晚上覆盖。内置电热暖风或土炉子均可。

● 新鲜牛马粪或锯末混柴草等酿热床加小拱棚

用牛马粪或锯末柴草等酿热代替地热线。具体操作步骤：将地按面积需求挖下 30 厘米，然后在坑内按 3：1 的比例填入新鲜马粪和粉碎的作物秸秆、树叶、杂草等酿热物。高度达到 25 厘米，为了增加酿热物中的微生物数量和氮素营养，促进发热，在填充酿热物时，分层泼一定数量的水。酿热物填充后，适当踏实。然后盖严薄膜，以保证有一定的初始温度，促使微生物活动，加快发酵速度。几天后，当酿热物温度升到 50℃时，选晴天中午揭开薄膜，将酿热物踏实整平后撒 3～5 厘米厚的细土。然后摆放苗钵。其他设施条件同"地热线加小拱棚"。

注意的问题：①要使用新鲜未发酵的马粪和未腐烂的作物秸秆。因发酵或腐烂后不再能产生热量了。②要使用新鲜酿热物有一定的含水量，约 60%～70%，不可过干或过湿。③酿热物的初始发酵温度不能低于 10℃，温度过低，微生物活动降低，发酵速度慢。④酿热温床育苗要注意浇水数量。前期需要浇水时，要喷水，不能大水漫灌，否则会降低床温，使微生物活动停滞。⑤要掌握酿热物发酵规律，以培育适龄壮苗。发酵规律是（马粪），第 8～13 天发酵快，放热量大，约一个月后热量释放完毕。⑥禽粪类禁止使用，小拱棚内置空间稍大些，还要密切监控发酵温度和有害气体产生。

**（3）播种盘制作（摆放位置最好悬空）**

预备种盘（1500 粒/平方米），大小因地而异，盘底必须透气，盘高一般 15 厘米左右。基质用大田熟土即可（灭菌参照如下所述）。

**（4）育苗营养土的配比**

基质为熟土和腐熟农家肥以 3:1 比例拌匀即可。

**（5）营养土灭菌**

福尔马林消毒：一般用 0.5% 的福尔马林喷洒床土，均匀后堆积，再用塑料薄膜密封 5～7 天，然后撤膜，待药味挥发后再使用。可防治猝倒病和菌核病。

50% 多菌灵消毒：将 50% 多菌灵可湿性粉剂配成 400 倍溶液后，喷洒在待用床土上，喷后把床土混拌均匀，然后用薄膜盖严密，焖 3～5 天，再将薄膜打开，经 4～5 天，药气味散完，即可使用。

### 3. 播种操作步骤

**（1）撒播分苗**

将苗床铺设好，刮平，浇透水，再播种，用过筛的细土，均匀覆上 0.5 厘米厚的半湿土，覆膜保温保湿。播种后 10 天左右可出苗。没有出苗前温度稍高些，白天 30℃，晚上 20℃。出苗后，温度白天 25℃，晚上 10℃炼苗。在正常温度下，从播种到子叶展开、真叶幼芽的出现，一般需要 10～14 天。如温度较低，出苗就缓慢，种子的成熟度及质量也影响发芽速度，无法选择成熟度一致的种子，育苗时，实际用种量比标准用种量多 1/3，选取苗情一致的幼苗。当植株两片真叶时分苗。

分苗：预备营养钵（7 厘米×7 厘米），装钵后，不要装得太满，要留装水的余地，浇透水后，随即抿苗。没有缓苗前，注意遮阴保温。温度白天 28～30℃，晚上 15～18℃。缓苗后注意增强光照，如果温室内再扣小拱棚，尽最大可能白天掀开塑料通风透光。随着苗长大，要勤挪苗，防止根扎到地上，并且不断加大苗与苗的距离。钵内的表土要用小挠松土 2～3 次。每隔 10 天药剂处理 1 次，一般杀菌剂（如：苗菌敌）都可以。

缓苗后的温度要求：白天 25℃，晚上 13℃，温度过高易使幼苗徒长；温度过低容易引起畸形果。低于 10℃，生长量下降；低于 5℃，茎叶停止生长；在 -2～-1℃时，植株遭受冻害。幼苗期常通过人为的低温锻炼，可以增强幼苗的抗寒能力，利于控制徒长、培育壮苗。低温锻炼以 10℃为宜。

12 小时光照，有利于雌花分化，水分尽量每一次打透，但不要过多，标准用手按不硬即可。约 70 天苗期即可结束。中早熟一般长到 7 叶 1 心为宜，晚熟品种 9 叶 1 心为好。

**（2）营养钵直播**

营养钵育苗，就是将发好的芽直接播种到已装好的钵内（钵内土要有一定的湿度，否则点播后芽水分会被倒吸，芽干而死），然后覆土，沙性土要覆土 1 厘米厚，黑黏土要略薄些，然后打透水。以后保湿保温，湿度 70% 为好，温度出苗前 28～30℃，出苗后降温炼苗，白天 25℃，晚上 10℃。出苗后注意多通风透光，防止出现高脚苗。其他日常管理同上。

注意问题：直播一般苗情整齐度不好，所以要保持每个钵的水分温度尽量一致，种子充足最好每钵双株，待出苗后去掉一株即可。

### 4. 整地施肥

**（1）清洁田园**

将上一茬留下的生产垃圾及时清理出棚室。

**（2）施肥及营养配比**

如果是腐熟的鸡鸭粪平施 40 千克/畦（6 米×1 米）较适宜，如果猪、羊、牛粪平施 40～50 千克/畦（6 米×1 米）为好，可以将优质的复合肥（N、P、K 15%）0.4 千克掺入粪肥中补充有机肥中肥力不足的问题。一般定植时，早熟品种则沟单施磷酸二铵 0.15 千克，过磷酸钙 0.25 千克，或优质复合肥 0.2 千克，过磷酸 0.25 千克。若是晚熟品种定植时大蕾已侧弯，则可以采用以上的施肥量，若是定值时苗龄小，土壤肥力情况很好，建议不要再使用化肥作底肥，特别是氮肥的使用严格控制，以防秧苗疯秧。

**（3）翻地施肥**

将配比好的粪肥平铺畦中深施平翻，粪肥少的情况下要沟施，无机肥不易深施。

**（4）平地整畦**

平畦整地，以窄畦宽埂整地为土，就是约 60 厘米畦面，两边为 40 厘米畦埂，畦面以北面略低于南地脚处 2 厘米为好，一般温室南底脚处气温低，以上部放风的温室前部还比较郁闭，所以浇水时前部不要积水太多，否则使秧苗生命体征弱化，降低抗性而感染病菌。（浇水流量很低，浇水用时较长和滴灌除外）整畦面要上水均匀，这对以后的日常管理和植株生长的整齐打下良好的基础。如果整畦秧苗供水不均会导致生长不齐，发育生殖期出现时差，很难取得高产。

### 5. 定植管理

**（1）炼　苗**

定植前 7 天，将小拱棚塑料去掉，让苗逐渐适应大棚环境。

**（2）选　苗**

将苗分别按大小一样的苗株分开定植，方便日后管理。

**（3）定 植**

当棚室最低温度高于8℃时，10厘米地温在8℃以上，维持7天以上，冷未暖初的时候可定植。

消毒：对老温室定植前每畦0.3千克生石灰进行土壤消毒，白粉病重的温室可用硫黄粉熏蒸。也可采用45%百菌清烟剂，每亩棚室用药200～250克。把药分成4～5份，按4～5点均匀分布在棚室内，用暗火点燃后，密闭棚室。

定植前药剂处理：将苗用药处理一遍（杀虫剂+杀菌剂）主要防蚜虫、潜叶蝇。

株行距：每畦30厘米、50厘米适宜。也可依据自己的棚室特点和管理习惯而采用定植方式。不管采用哪种株行距定植，当植株打顶后，阳光都能稀疏投到地面，说明定植密度和打顶高度适宜。早熟品种稍密些，中晚熟应稍稀些。应尊重品种提示。

栽苗不要太深，且埋土不要太多，要露土台为宜。早春地温低，充分利用地表热量。浇完缓苗水后，再封土起垄。

定植后（缓苗阶段）不能缺水，缺水易得假性病毒病，但是也不能积水，积水会沤根，以略见湿为好。此时重点提高室温，加强中耕，中耕深度要在10厘米为好，增加土壤的温度和含氧量，以此诱发根系快速发育。缓苗期以保温为主，白天最好达到28～32℃，晚上要早些落被，18℃即可落被，有取暖设施的温室，早上掀被前一小时可适当加温。

**（4）浇缓苗水**

缓苗水要及时，一般定植7～10天后需要浇缓苗水，此时植株生长根系吐白，叶色见浓绿，则及时浇水。

**（5）放 风**

缓苗期，以保温为主，一般白天温度达到30℃放风。先打开顶风口，温度上升很高的，又没有对接膜型放风口的，此时也不要放底角风，可适当落被降温，午后及时拉起棉被让后面植株充分接受光照。

**6. 蹲苗期的管理**

**（1）温度控制、湿度管理**

温度白天25℃，夜晚15℃。空气湿度85%。

**（2）松土提高地温**

加强中耕，中耕深度要在10厘米为好，增加土壤的温度和含氧量，以此诱发根系快速发育。

**（3）植株管理**

及时除掉叶腋的侧枝，早熟品种为防止果实坠秧，没有缓苗前，最好不要留已受精的果实。已开的花朵及时掐掉。待到确定植株已缓苗，心叶渐长，株形形成三角形，才可以留果。

注意：在实践生产中因为受天气和设施硬件限制，温室可调控性达不到我们想要的指标，所以在实践要依据苗株的变化来改变应对措施是至关重要的。

二遍水浇后，秧苗叶缘吐水珠，心叶渐长后，说明根系已经开始拓展，如果定植为早熟品种，此时现大蕾且有的已开花，秧苗还细弱，此时不适合蹲苗，应以促为主，使植株尽快达到全面生长的状态。如果是中晚熟品种，切记不要过早促秧，定植时应以现大蕾为好，否则应控水控温，蹲苗，防止秧苗疯秧而引起病害。

**（4）放　风**

放风过程中不要闪苗，棚温25℃时就要及时放风（缓苗期除外），将前底角处通常拉一道高1米宽的塑料膜，底部用土封严，然后可将棚膜向上撩起放腰风。初次放风一定要注意，不要过大过猛，要渐渐由小到大，以防风大吹干叶缘。

**（5）防止徒长**

番茄幼苗易徒长。虽然采取加大株间距离、适度通风、降温、控水温等措施都有效，但不如在移植缓苗后用矮壮素每支5毫升对水30千克喷施，此法不适宜弱长苗。这样不仅能有效地控制徒长，而且有一定增产作用。

**7. 开花结果期管理**

**（1）喷　花**

可使用植物生长调节剂，通常用的是2,4-D点花柱，浓度为每只（2毫升）对水6～9千克。花开到花落受精能力约6天，所以喷花周期以6～7天为宜，每穗花序必须有3朵开花一次喷完，每穗花序的第一个花要及时摘除。这样做果穗的果整齐度高，还省工。另外也可用25%防落素1毫升，对水0.5千克喷花用。用2,4-D时要注意最好在通风良好温度不高时进行，还要注意不要重复蘸花，不要使药液粘到新叶上，防止新叶中毒扭曲。使用2,4-D比防落素果实发育快，防落果效果好；缺点是：易使植株产生药害，而防落素则没有药害。

这个时期营养生长旺盛，同时花蕾出现，并不断发育、开花而形成幼果，这个时期是番茄从营养生长向生殖生长和营养生长并重阶段过渡。因此，在这个阶段，要调节好营养生长和生殖生长的关系，既要使营养生长充分，又要避免徒长，一般早熟品种全程以促为主，晚熟品种前控后促，促早了疯秧推迟开花，也容易形成畸形花，很难开放。促晚了上边的花序的花发育不良。第一穗果蛋黄大小时可加大肥水量。

**（2）插架拢秧**

为防止果蛋被磨坏表皮，绑架果穗要向外绑，防止勒果造成畸形，要及时除去畸形果，每穗留3～5个即可，每株3～4穗。及时打掉水杈。中后期密度过大要及时打掉一部分叶，以从上看能稀疏看见地面为好，利于空气流通和透光，否则郁闭不畅易患病。在最上面果穗上留2叶摘心，以防上面果穗直接暴露在阳光下，而被晒坏。

**（3）肥水管理**

追肥：定植后第一穗果长到蛋黄大小时可进行第一次追肥，追肥要以氮肥为主，配以多元素复合型钾宝进行冲施。施肥量要根据进水量多少来掌握，一般每畦尿素不宜超过0.2千克钾宝不宜超过0.15千克。过量易使植株亚硝酸盐中毒，同时也浪费肥料。实际操作时一定按照植株的长势，动态掌握施肥量。观察作物的长势、叶色、株形来增减施肥量。叶色浅说明肥力低水大，叶色浓绿，植株过旺说明肥力过大，还有其他缺元素的一些症状，可以依据实际状况按实际需要施肥。

浇水一定要听天气预报，要在阴天转好以后浇水，浇水一定要肥水平衡，肥大需大水，肥不足一定要小浇水；浇水次数要适当，不可忽干忽湿，过分干旱后浇大水，易引起裂果。黏土持肥水较好，浇水不必过勤，砂壤土要每次少施肥勤浇水的原则。

**（4）温　　度**

温度在盛果期，白天适宜在28～30℃，晚上16℃落被即可。

**（5）通　　风**

中后期总体原则晴天大放，阴天小放，不极特殊情况不能不放。遇到长时间的阴天雨雪后，天气突然放晴，一定不要一下把被全部拽起，防止升温太快烫伤叶片。

**（6）科学留果疏果**

已经坐住的果实，要及时查找，清除畸形果实，每穗留3～5个果实即可，抢早栽培的中早熟品种适宜留三穗果，第一穗果易晚喷花，第三穗易早喷，这样有利于集中供给肥水。中晚熟品种，一般以产量取胜，所以大多留四穗至五穗果。

## （7）收 获

果亮白一般使用40%乙烯利催红，整株喷施一般浓度万分之二（3克对水15千克），达到万分之五就可以产生药害，此法使用时要谨慎，最好先试验。还可用一点红涂抹果柄即可，操作简单不宜产生药害。此时遮挡果实的叶片不要打光，阳光直射果实，易造成果实着色不良。

# 五、病 害

## 1. 生理病害检索

详见表2-2。

表2-2 生理病害检索

| 项目 | 症状 | 原因 |
|---|---|---|
| 上部叶片 | 叶缘褐变 | 缺钙 |
| | 叶缘枯死或褶皱收缩 | 缺钙 |
| | 叶脉间有斑点 | 缺钙或缺镁 |
| | 花叶病症 | 病毒 |
| | 条叶或卷叶 | 病毒或激素药液沾到心叶上 |
| | 叶脉间黄白化 | 缺铁 |
| | 叶面全面黄化 | 缺硫 |
| 中部叶片 | 叶脉间失绿 | 缺镁 |
| | 叶缘黄化、褐变 | 缺钾 |
| | 卷叶 | 氮过剩 |
| | 主脉隆起 | 氮过多、湿度大 |
| | 叶小变硬叶背紫色 | 缺磷 |
| 下部叶片 | 浓绿色紫色落叶 | 缺磷 |
| | 叶脉间黄化枯萎 | 缺镁 |
| | 叶缘黄化褐变 | 缺钾 |
| | 叶全部黄绿细弱 | 缺氮 |
| | 紫色小斑枯点 | 缺磷 |
| 茎 | 木栓、龟裂 | 缺硼、水分不均 |
| 尖端 | 心叶枯死或变脆茎髓变色 | 缺钙 |

（续表）

| 项目 | 症状 | 原因 |
|---|---|---|
| 果实 | 脐腐 | 缺钙 |
| | 裂果（上裂） | 横裂缺硼、顺裂干湿不均或木栓化过早 |
| | 长心果 | 激素过多 |
| | 空洞果 | 子房壁与胚座发育发生失衡 |
| | 露子果或下裂果 | 低温、营养过剩 |
| | 花脸果（有黑筋） | 干旱、肥力高 |
| | 花脸（白筋） | 病毒病 |

以上生理病害给实际中生产参照使用，具体生产中要依据实际状况来细致综合分析诊断确定病情。

**2. 病菌性病害**

育苗期间，秧苗密度大，一旦发生病害，传播扩展较快，但在育苗期防治病虫害，由于苗床面积集中，省工省药，而且定植前做好防治，就可将无病无虫的壮苗栽到大田。

**（1）猝倒病**

苗期三大倒苗病包括猝倒、立枯、沤根。在小苗期1～2片真叶时最易受害。

症状：猝倒病病苗茎部近地面处感病后，开始呈水渍状，以后褪绿变黄成黄褐色，染病部位细缩绕茎一周呈线状使幼苗倒伏，往往成片发生折倒，叶片仍然是绿色，环境潮湿时，染病部位会产生白色绵毛状菌丝。该病属真菌性土壤传播的病害，腐生性强。

发病条件：病菌随病株残体在土壤中越冬，或腐生态长期存活，在15～16℃温度下繁殖较快。育苗床温度低（10℃以下）、湿度大（相对湿度90%以上）、秧苗密度大、光照弱，容易发病。随灌水、带菌种子、肥料、农具等传播。

防治方法：①种子消毒、床土消毒（如前面所述）；②降低苗床湿度。控制浇水，播种时要底水浇足，用上表土保墒，以后浇水时，水量要适当，浇水后，在不影响苗床温度下，通风降湿；③药剂防治应先清除病苗，再喷洒600倍的百菌清、多菌灵、代森锰锌或400倍的杀毒矾，喷药时要喷到秧苗的根部及地面，喷药时间最好在上午。

**（2）立枯病**

症状：秧苗小苗和较大苗都会发病，幼苗初发病，白天幼叶萎蔫下垂，傍晚和清晨仍能恢复，病苗茎基部产生暗褐色椭圆形病斑或长圆形病斑，且渐渐凹陷，病斑横向扩展，绕茎一周后，茎病部缢缩，叶片萎蔫不再恢复，最后幼苗干枯，一般不倒苗，直立枯死，故称立枯病。立枯病部有轮纹，潮湿时病部生有稀疏的珠网状淡褐色霉状菌丝。此病是土壤传播的真菌性病害。病菌以菌丝体和菌核在土壤里或病株残留体在土壤中越冬。病菌在土壤中可存活2～3年。

发病条件：立枯病病菌发生的温度范围较广，在12～30℃的温度范围均可发生，以20～24℃是病菌最适发病温度，高温多湿有利此病的蔓延。所带菌土是病害的侵染源，通过雨水、灌溉、农具、未腐熟有机肥进行传播。病菌从伤口或直接侵入表皮，在幼苗的茎部和根部发病。苗床温度较高，湿度较大，空气不流通，幼苗发黄徒长，很易发病。

防治方法基本同猝倒病。

**（3）灰霉病**

发病症状：以侵染果实为主，果实的与蒂柄连接处易发生"U"形水浸斑，湿度大时有灰毛产生，果实在亮白时易发生此病，发病果实果尖腐烂而转红加快。

发病条件：连年栽植番茄、黄瓜的大棚，灰霉病发生越来越严重。灰霉病病菌的菌核可以在土壤中或以菌丝及孢子在病残体或棚架上越冬过夏。第二年春条件适宜时病菌孢子萌发，再产生的孢子借气流、雨水或露珠、雾滴及农事操作进行传播，可从寄主的伤口侵入。蘸花为接种传播。花期是侵染高峰期。通辽地区每年4月、5月，室内气温20℃左右，相对温度持续90%以上，湿度高，易发病。

防治方法：一般看到果实上有病再治就偏晚了，若用药喷雾，发病初期亩用50%乙烯菌核利75～100克，对水100千克，每隔7～10天一次，可喷洒50%菌核净可湿性粉剂1000～1500倍液或50%速克灵可湿性粉剂1000倍液，对速克灵产生有抗药性的地区可用50%扑海因可湿性粉剂1500倍液，或64%杀毒矾400倍药液每隔7天喷1次，连喷3～4次。

**（4）叶霉病**

为害症状：番茄叶霉病主要为害叶片，严重时也能为害茎、花器和果实，一般在盛果期前后发生。该病从番茄下部叶片开始发病，逐渐向中上部叶片蔓延。叶片发病先在叶背产生椭圆形淡绿色退绿斑，后变成浅黄色，病斑上长出灰色霉层，以后霉层变紫褐色或黑褐色。叶片正面病斑淡黄色。病斑多时及病斑扩大后，病叶干枯卷，严重时全株叶片（嫩叶除外）干枯，有时还能蔓延到花器，引起花器凋萎和幼果脱落。果实受害，先在蒂部产生近圆形、凹陷、硬化的病斑，病斑可扩大至果面1/3左右。

发病条件：叶霉病病菌发育的适宜温度为20～25℃，相对湿度为90%以上，病害易流行。凡种植过密，多年重茬，放风不及时，大水漫灌等都有利于该病发生。

药剂防治：发病初期，可先摘除下部多余枝叶，然后喷药保护。可选用药剂：58%甲霜灵锰锌600倍药液，50%扑海因粉剂1500倍液，40%杜邦福星乳油4000倍液等喷雾防治，每5～7天喷雾一次，连喷2～3次。

**（5）番茄斑枯病**

症状：主要为害叶片、叶柄、茎，尤其在结果期的叶片上最多，果柄和果实很少受害。通常从番茄下部叶片开始发病，向上部蔓延。叶片受害初期在背面发生水渍状小圆斑，不久叶片正反面都出现近圆形的病斑。病斑边缘深褐色，中央灰白色，稍凹陷，上面散生黑色小点，但不产生霉层，这一点和叶霉病不同。该病严重时，叶片很快枯黄脱落，仅留顶部新叶，促使植株早衰，造成大量落花落果。同时，由于叶片大量脱落，果实暴露，易受日光灼伤。

发病条件：番茄斑枯病由番茄壳针孢菌侵染所致。病菌发育适温22～26℃，在12℃以下或27℃以上发育不良。高湿利于分生孢子从器内溢出，适宜相对湿度为92%～94%，在达不到湿度时则不发病。

药剂防治：在结果前后用50%多菌灵粉剂1500倍液，或50%托布津粉剂500倍液，或70%甲基托布津粉剂700～1000倍液，或50%扑海因粉剂1500倍液喷雾。用药时间要早，打药要均匀，注意叶背喷药，每隔7～10天喷1次。连喷3次。

**（6）番茄早疫病**

各地普遍发生，严重影响产量和质量，一般减产二三成，严重时达到五成以上。此病还为害茄子、马铃薯和辣椒等茄科蔬菜作物。

症状：发病速度很快，病斑呈深褐色或黑色，有轮纹，潮湿时长黑色霉层。叶部病斑呈圆形，周围产生黄色晕圈。叶柄、茎和枝杈处病斑呈椭圆形或不规则形，有时病部凹陷。重病果实开裂，病部较硬。

发病条件：其生长发育适应温度范围较宽，一般情况下高温高湿有利于发病，田间温度15℃，湿度80%以上开始发病，在有水膜的情况下，6～30℃都能侵染作物。另外，气温 20～25℃、多雾或连阴雨天病情发展非常迅速，是番茄的常发病害，茄子、辣椒和马铃薯也常受害。

药剂防治：在结果前用 50%多菌灵粉剂 1500 倍液，或 50%托布津粉剂 500 倍液，或 70%甲基托布津粉剂 700～1000 倍液，或 50%扑海因粉剂 1500 倍液喷雾。发病初期 50%乙烯菌核利 1200 倍药液喷施。用药时间要早，打药要均匀，注意叶背喷药，每隔 7～10 天喷一次。连喷 3 次。同时用稀酰玛琳烟雾剂夜晚熏蒸。

**（7）番茄晚疫病**

症状特点：番茄幼苗、叶片、茎和果实均可发病受害。幼苗期叶片出现暗绿色水渍状病斑，叶柄处产生黑褐色腐烂，潮湿时，病斑边缘产生白色霉层，病斑扩大后，叶片逐渐枯死。幼茎基部形成水渍状缢缩，出现萎蔫或倒伏；形成水渍状淡绿色病斑，逐渐变褐色，潮湿时产生稀疏的白色霉层。茎和叶柄病斑水渍状，褐色凹陷，最后变黑褐色腐烂，引起植株萎蔫；果实病斑不定型，稍凹陷，边缘呈云纹状，最初暗绿色油渍状，后变暗褐色至棕褐色，果实质地坚硬，不变软，在潮湿条件下，病斑长有少量白霉。

发病条件：温度 18～22℃，相对湿度 95%以上是形成孢子囊的最适条件；温度为 10～13℃，寄主叶面有水膜时易受病害侵染。因此，高湿低温，特别是温度波动较大时，有利于病害流行。另外，种植密度过大，氮肥过多，保护地放风不及时等原因，均可诱发病害。

药剂防治：常用的药剂有如下几种，可选用其中的一种来喷洒：65%代森锌可湿性粉剂 500 倍液，40%乙磷铝可湿性粉剂 200 倍液，72.2%普力克水剂 800 倍液，每隔 5～7 天喷 1 次，连喷 3 次，如与早疫病并发，喷 64%杀毒矾可湿性粉剂 500 倍液或 58%瑞毒霉锰锌可湿性粉剂 500 倍液。保护地还可以施用 45%百菌清烟雾剂，傍晚封闭棚、室，将药分放 5～8 点，点燃后烟熏过夜。施药时间及封棚要求与烟熏法同，每 7～8 天用 1 次药，最好与喷雾防治轮换用药。

**（8）番茄病毒病**

症状特点：病毒病的种类很多，为害严重的有条斑病、花叶病和蕨叶病。

条斑病：可发生在叶片、茎蔓和果实上。叶片形成绿色深浅斑驳，或叶脉坏死；枝、茎出现暗褐色凹陷的短条斑，后为深褐色油渍坏死条纹；果实畸形，果面具有暗褐色凹陷、斑块或水烫状坏死。严重时植株萎缩变黄，最后枯死。

蕨叶病：顶部叶片特别狭窄或呈螺旋形下卷，并自上而下变成蕨状叶，有时几乎无叶肉，只有细长的中肋。中下部叶片向上卷曲，甚至卷成管状。病果畸形，果心呈褐色，植株矮生。

花叶病：叶片轻微或明显的黄绿相间，出现明脉、轻重花叶、斑驳和皱缩，形成斑驳，或叶片狭窄或扭曲畸形，引起落花、落果，果实小，植株矮化。

发病条件：由植物病毒侵染为害，其毒源为黄瓜花叶病毒和烟草花叶病毒。一般花叶病和条斑病发生适宜温度为 20～25℃，多在春夏发生。高温干燥，并有大量蚜虫存在是蕨叶病发生的适宜条件，常在秋季发生。

药剂防治：有些假性病毒病的通过放风浇水等措施即可缓解病害或彻底痊愈。但是真正的病毒病一旦发生几乎是无法治愈的，药剂使用建议发病初期及时喷洒抗毒剂 1 号 300 倍液，或 1.5%植病灵乳剂 1000 倍液，或 20%病毒 A 可湿性粉剂 500 倍液及增产灵 50～100 微升/升等。

总结：病害发生的机理主要湿度大，湿度主要有：①空气湿度大；②植株体内水分过多。有利多数真菌病原菌的发生，病原菌的孢子侵入植物体内。多数病菌是通过气孔侵入，湿度大，植株叶片气孔开张大，增加病菌入侵的机会。在一些老的棚室，多数病菌随病株残体留在土壤中腐生，在土壤中传播，长期存活、为害，遇适宜条件就感染健康植株，就很易发生病害。另外，未腐熟的有机肥也是病原菌的来源。

对于一些真菌和细菌性病害通风降湿是第一重要的问题，在没有病时，按期喷施化学药剂防治是必要的辅助措施。一旦发病靠药剂治疗，很难有理想的效果。

防病的根本还要综合考虑，根据自己温室的特点，选择适宜的定植时间，作物生长期间，温度、湿度都在可调控范围内，达到作物的良好生长要求。环境的失控就意味着增加作物病害的危险。

多年的同科作物连作，而产生的作物自毒现象越来越重，就目前的技术水平无法更有效解决这一难题。所以必须从日常管理下手，合理轮作，培育壮苗，合理施肥、浇水、通风，把作物生长环境调控到有利作物生长而不利于病菌发育的和谐环境中，同时结合药物的环境杀菌配合使用，才能使作物生长得更好，取得更高的产量。

### 3. 苗期虫害

**（1）蛴螬**

鞘翅目金龟甲科幼虫的统称，俗名白地蚕、白土蚕等。为害多种蔬菜，在地下啃食萌发的种子或咬断幼苗根茎，使幼苗死亡，或因伤口而引发病害。蛴蛴老熟幼虫，体长 35～45 毫米，体乳白色，多皱纹，静止时弯曲，头部黄褐色或橙黄色。在北方多 2 年发生一代。以幼虫或成虫在无冻土层中越冬，土温 5℃以下停止活动，当地表下 10 厘米地温达 5℃时开始上升活动，成虫有假死性、喜湿性和趋光性，并对未腐熟的厩肥有较强的趋性。

防治方法：施用腐熟的农家肥，粪肥用辛硫磷喷洒、翻拌、堆放闷杀幼虫。秋季深翻，可冻死、风干部分幼虫，人工捕杀成虫。每亩用 80%敌百虫粉剂 100～150 克对少量水后拌细土 15～20 千克，制成毒土，均匀撒在播种沟（穴）内，覆一层细土后播种。严重地块用辛硫磷、敌百虫、800 倍液灌根，每株灌 150～250 克，可杀死根际附近的幼虫。

**（2）蝼　蛄**

属直翅目蝼蛄科，俗称拉拉蛄、地拉姑、土狗子、地狗子等。为害多种蔬菜，食性极杂，成、若虫在土中咬食播下的种子和幼芽，或咬断幼苗，受害的根部呈乱麻状，造成幼苗凋萎或发育不良，蝼蛄活动时，将土层钻成许多隆起的隧道，使根土分离，失水干枯死亡，常常造成缺苗断垄。特别是在温室大棚、改良阳畦等因气温、地温较高，蝼蛄活动早，集中育苗期，为害更重。

发生条件：蝼蛄昼伏夜出，夜间 21:00—23:00 活动最盛，雨后或浇水后活动更甚，具趋光性、喜湿性，对香甜物质如炒香的麦麸及马粪等农家肥具强趋性，在地温 8℃以上开始活动，12～20℃为活动盛期，土壤潮湿温暖腐殖质多的苗床为害严重，土壤干燥时活动减弱。

防治方法：农家肥腐熟后施用，利用毒饵诱杀将麦麸 5 千克炒香，用 90%敌百虫 150 克对水将毒饵拌潮，亩用毒饵 1.5～2.5 千克，撒在地里或苗床上，也可用 40%氧化乐果 0.5 千克对水 10 倍，加 50 千克饵料拌匀，傍晚时撒施，效果较好。

**（3）蚜虫、白粉虱**

两种虫为害多种蔬菜，刺吸式口器害虫，在幼苗叶片上刺吸汁液，造成叶片卷缩变形，大量分泌蜜露污染蔬菜秧苗的叶片，导致失绿，顶芽停止生长，还传多种病毒病，给作物造成更严重的为害。蚜虫每年发生 10 代以上，世代重叠，如条件适合，繁衍很快。

防治方法：注意田园清洁，以减少蚜源和毒源，喷药啶虫脒或吡虫啉。

可采用黄板诱杀。黄板可买现成的规格为 25 厘米×40 厘米，质地为塑料的，可防雨防潮。也可以自己制作，用长方形的硬纸板或纤维板，大小为 30 厘米×40 厘米，先涂一层黄色油漆，再涂一层 10 号机油，机油里加少量黄油，把做好的黄板悬挂在蔬菜行间高出地面 0.6 米左右，每亩用 20～30 块，诱杀成虫效果很显著。黄板粘满蚜虫后要及时清洗或更换。

烟熏防治：可自制敌敌畏乳油 250 克/亩或直接购买成品药如蚜虫一号等，分数堆掺锯末晚上点燃熏烟，棚室密闭，第二天早晨放风散去农药气味。

# 第三章

# 日光温室番茄双茬栽培技术

## 一、设施要求

适用于半地下式机建土质厚墙体、钢架（或竹木）结构、双层草帘（或一层草帘加一层棉被）覆盖日光温室。

## 二、品种选择

越冬茬应选择比较耐低温、耐弱光等抗逆性强、优质且丰产性好的硬果型品种，如汉姆系列、欧盾等。越夏茬选择耐高温、耐强光等抗逆性强、优质且丰的性好的硬果型品种。如，赛丽、汉姆系列等。

## 三、育　苗

采用工厂化集约穴盘无土育苗技术。执行标准 DB 15/T 1151—2017。

## 四、越冬茬栽培技术

9月末至10月上旬定植，翌年1月中旬开始采摘上市，2月末至3月上旬罢园。

**1. 定植前准备**

清理棚室。彻底清除日光温室内的杂草以及前茬蔬菜收获后留下的残株病叶。

高温焖棚。在定植前10～15天，晴天条件下，每亩地施入腐熟有机肥7～8立方米，撒施多菌灵3～4袋，啶虫脒和吡虫啉各2～3袋，将土壤深翻后，灌一次大水，用透明吸热薄膜覆盖在地表，密闭棚室5天左右，土壤温度可升高到50～60℃，一般的病原菌、害虫均能杀死。

烟剂熏棚。在定植前3～5天，选择在傍晚条件下，密闭棚室，用百菌清、异丙威等烟剂熏棚12个小时后进行通风将烟气排出。烟剂放于棚室过道处，由里向外逐渐点燃，避免用量过大导致产生药害。

施足有机肥：施肥时严格执行 NY/T 496 标准，每亩施腐熟的有机肥，8000～10000千克，或腐熟的鸡粪14立方米，圈粪3立方米，加磷酸二铵50千克、复合肥50千克、硫酸钾50千克、生物菌肥100千克、硼、镁、锌肥各

1 千克, 深翻 30 厘米。提倡栽培垄下集中施用 (条施)。

做畦覆膜。畦宽 120 厘米, 高 20 厘米, 其中, 台面宽 80 厘米, 作业垄宽 40 厘米, 每个高台上铺设两条微灌袋, 用 1.5 米幅宽的白色地膜覆盖。

### 2. 定 植

定植时应选在晴天傍晚或早晨进行, 避免高温日晒, 降低成活率。每畦双行, 株距 30~35 厘米, 小行距 40 厘米。适当深栽 (没脖); 土坨埋于地下, 浇足定植水, 5~7 天后再浇一次缓苗水。

### 3. 定植后的管理

温度: 白天为 28~30℃, 夜间为 18~20℃, 地温为 18℃。

湿度: 定植缓苗后浇一次缓苗水进行蹲苗, 待第一穗果核桃大小、第二穗果蚕豆大小、第三穗花蕾刚开花时结束蹲苗, 开始浇水, 每 10~15 天一次。并结合浇水冲施硝酸钾复合肥, 每亩每次 10 千克, 开始采收果实后每亩每次 20 千克。

光照: 采用无滴膜覆盖, 温室后墙张挂反光幕。

吊蔓与整枝: 吊蔓在第一花序开花时进行, 整枝与打杈同时进行, 采用单干整枝, 去掉所有侧枝, 主干留 5~6 果时顶部留 3 片叶打顶, 每穗留 3~5 个果。根据每穗花、果长势进行疏花疏果, 做到每穗果长势大小一致。

开花期适宜的温度: 白天为 20~30℃, 夜间为 15~20℃。低于 15℃, 高于 30℃, 不利于花器的正常发育及开花授粉, 易造成落花落果。

果实发育期的适宜温度: 白天: 25~30℃; 夜间: 13~17℃。生长中的绿色果实在 8℃ 以下的低温, 茄红素的合成受到干扰和破坏, 以后给予适温也不再转红。

根系生长的适宜土温: (5~10 厘米土层) 20~22℃, 低于 12℃ 根系生长受阻。低于 10℃ 根毛停止生长。因此, 冬季增强光照、蓄热保温是关键 (加盖草帘、棉被等)。

防止落花落果。用番茄灵、丰产剂 2 号等激素辅助授粉, 每穗花"三开两裂"时进行喷花 (或蘸花), 在每天的上午无露水时进行, 避免中午高温喷花。使用浓度严格按要求进行, 不能重复喷 (或蘸), 提倡使用振动授粉。

施肥。当第一穗果核桃大小时随水冲施水溶性肥, 以后每穗果均随水冲施一次。生长前期以促开花结果磷钾肥为主, 中后期以促生长和果实膨大转色, 以 N、P、K 平衡肥、生物菌肥为主, 辅之以叶面喷施。

### 4. 病虫害防治

主要病虫害: 脐腐病、病毒病、灰霉病、叶霉病、晚疫病、早疫病、溃疡病、红蜘蛛、蚜虫、斑潜蝇、白粉虱、茶黄螨等。

防治原则：按照"预防为主，综合防治"的植保方针，坚持以"农业防治、物理防治、生物防治为主，化学防治为辅"的绿色防控原则。并严格执行 GB 4285 和 GB/T 8321 的规定，禁止使用剧毒、高毒和残效期长的农药。

农业防治。选用抗病品种，严格进行种子消毒，减少种子带毒。培育适龄壮苗，增强抗病性。搞好日光温室环境调控，创造有利于作物生长而不利于病虫害发生为害的光、温、湿等环境条件，减少或减轻病虫害的发生。清洁田园，将枯枝败叶带出田外深埋处理。改革耕作制度，与非茄科作物轮作，提倡越夏茬休耕。采用平衡施肥技术，增施有机肥。

物理防治。在日光温室前屋面角底部、上放风口上防虫网。诱杀与驱避：在日光温室中挂黄板诱杀蚜虫、斑潜蝇、白粉虱等害虫，挂蓝板诱杀蓟马等害虫，每亩悬挂 25～40 厘米的黄板 30～40 块。

生态防治。保护利用天敌，人工饲养释放天敌，做到以虫治虫（如用丽蚜小蜂防治白粉虱等）；用白僵菌、BT 等生物农药防治鳞翅目害虫等，做到以菌治虫；用印楝素、苦参碱等植物源农药防治害虫等。

化学防治。脐腐病：绿芬威 3 号 600 倍液，或过磷酸钙浸出液，或 0.3%氯化钙。

病毒病：5%菌毒清、1.5%植病灵、83-1 增抗剂 200 倍，硫酸锌、绿芬威。蕨叶和条斑病毒：5%菌毒清、抗毒剂一号、磷酸三钠。

灰霉病：50%速克灵、50%农利灵、65%甲霉灵、50%多霉灵、40%特立克。棚内湿度大时可用速克灵烟剂 300～400 克/亩。

叶霉病：75%百菌清、70%代森锰锌、50%多霉灵、50%多菌灵、50%甲基托布津、60%防霉宝、10%宝丽安。棚内湿度大时，每亩用百菌清烟剂 350 克。

晚疫病：70%代森锰锌、80%喷克、50%瑞毒霉、64%杀毒矾、72%克露、34%绿乳铜、27%铜高尚。

早疫病：50%多菌灵、75%百菌清、50%托布津、50%扑海因、70%代森锰锌、80%喷克、40%百菌清烟剂 350 克。

红蜘蛛：8%农克螨、20%螨克、1.8%齐螨素。

蚜虫：50%避蚜雾、一遍净、40%乐果、2.5%功夫防治。

斑潜蝇：80%比双灵、10%高效灭百可、10%灭扫利、8%齐螨、1%灭杀毙防治。

白粉虱：10%吡虫啉、25%扑虱灵、20%灭扫利防治。

茶黄螨：73%可螨特，10%螨死净 3000 倍、1.8%爱福丁。

## 5. 采 收

果转色且着色均匀一致及时采摘，分级包装销售。

## 五、越夏茬栽培技术

3 月末至 4 月上旬定植，7 月上旬开始采摘上市，8 月上中旬罢园。

定植方式。越冬茬罢园后，及时清理残株和根茬，省去了整地环节，在原来的定植穴定植。

定植后管理。定植、定植后管理、病虫害防治同上。由于越夏茬番茄容易出现青皮果、筋腐病等生理性病害，在果实膨大期随冲施肥施入钙、硼、锌等微量元素，中后期还要进行适量的叶面喷施。由于夏季高温，注意通风和遮阳，采取顶风、底风同时进行。注意预防番茄溃疡病和黄化曲叶病毒病，生长期发病及时拔除带到棚室小区外处理。

采收同上。

# 第四章

# 越冬茬日光温室茄子
# 技术规程

## 一、棚体消毒

新建温室一般不需要对棚体进行消毒处理，但种植 3 年以上的老棚一定要进行土壤处理和棚架墙体消毒。具体做法：亩用敌敌畏 0.25～0.5 千克，锯末 5～8 千克与 2～3 千克硫黄粉混合，分 10 处点燃进行熏蒸；也可用多菌灵进行土壤消毒，再用速百威或百菌清烟剂对棚体进行熏蒸。无论是棚体处理还是土壤消毒，都要结合高温焖棚 5～7 天，才能取得较好效果。

## 二、整地作畦

茄子定植前 10～15 天要深松整地、作畦。目前生产中主要采用大垄高台膜下滴灌栽培，大垄高台的优点：一是充分利用反射光，可提高地温 1～2℃，有利于根系伸长和幼苗生长；二是能够调控灌水量，在寒冷的冬季采用膜下滴灌可以降低棚内湿度，减少病害发生。

## 三、施肥量及施肥方法

温室茄子所用的农家肥必须是充分腐熟的。根据生产经验，要使茄子高产不早衰，一定要施入足量的农家肥和一定量的中微量元素肥，一般亩施腐熟的农家肥 20～30 立方米，磷酸二铵 50 千克，硫酸钾 25 千克，生物菌肥 50 千克，复合肥 50 千克，硫酸锌、硝酸钙、硼砂、硫酸镁各 2～3 千克。粪肥的施入方法是：先将农家肥均匀撒施棚内旋耕，然后按 60 厘米行距开沟，将化肥等份均匀地撒入定植沟，起垄覆膜。

## 四、定植时间

定植时间一般在 8 月下旬至 9 月上旬。

定植密度：大行距 90 厘米，小行距 60 厘米，株距 45 厘米，亩定植 1800～2000 株。

定植方法：先用打孔器按每畦定植的苗数的株行距进行打孔，将带有基质的苗子放入穴内，待全部定植完后浇定植水。

## 五、定植后的管理

### 1. 温度管理

定植后为尽快缓苗，要提高温度，白天 30～35℃，夜间 16～20℃，棚内地温在正常情况下不低于 15℃，如温度过高，可在白天中午进行短时间通风。心叶开始生长表明已经缓苗，从定植到缓苗大致需一周时间，缓苗后到门茄开花，上午温度 28～30℃，中午控制在 30℃以内，27～28℃时开始通风，夜间温度 15～20℃。门茄采收后即转入盛果期，白天温度 25～30℃，夜间温度 15～20℃，不低于 10～13℃。有条件的棚室种植户，可以选择安装手自一体智能放风器，做到科学放风、排湿，调节温湿度。

### 2. 水肥管理

茄子定植后浇定植水，6～7 天缓苗后浇一次缓苗水。开始蹲苗，当门茄达到瞪眼期时结束蹲苗，灌一次"催果水"，随水亩施 10～15 千克三元复合肥。选择晴天上午进行浇水，低温季节根据作物长势、天气状况、土壤持水量适当延长浇水间隔期，一般 10 天左右浇水冲肥，每次冲肥 15 千克左右。在茄子生育中后高温季节，一般 5～7 天浇一水，随水每次冲施茄果类复合肥 15～20 千克。

### 3. 整枝打杈

嫁接茄子生长势强，生长期长，可采用双干整枝。不能盲目摘叶，只能在生长的中后期将已经失去光合功能的衰败老叶、黄叶摘除。在摘叶的同时，还要进行摘劣果，把畸形果以及虫口损伤的幼果等无商品价值劣果摘除，以免浪费养分。

### 4. 蘸花保果

越冬栽培进入初花期，开始采用"茄子坐果王"（主要成分 2,4-D，防落素）蘸花，每 10 毫升加水 1.25～1.5 千克保花保果。注意使用浓度，避开中午高温，以免出现畸形果。

## 六、特殊天气的管理

阴天和雪天要注意增光和补光。棚内温度达到 12～15℃时上午要尽量揭帘见散射光，光照不足 8 小时，在放帘后或揭帘前要用植物补光灯补光。持续阴雪天过后，揭帘防寒的主要措施是：寒前喷、寒后灌，即在寒流到来之前加盖御寒物或叶面喷施叶面肥，即每壶水加磷酸二氢钾对 50 克红糖。寒流过后，用活性增根剂、保根生根剂等灌根防除寒害。

## 七、茄子几种常见的生理病害及防治措施

茄子常见的生理性病害有：落花、畸形花、着色不良、僵果、凹凸果、裂果等。

低温或高温、光照不良、肥料不足、病虫害等都可导致茄子落花。高温尤其高夜温，花芽分化提前，中柱花及短柱花比率增加，超过 35℃ 会导致花器官生育障碍。幼苗期光照不足，花芽分化及开花期延晚，长柱花减少，中短柱花增多。氮素营养不足，长柱花减少。茄子未经授粉而形成的僵果俗称"石茄子"，果皮粗糙，果肉质硬，果内无种，果小，无食用价值。果实各部分发育不平衡如施肥过多，尤其氮肥过量，温度低、光照不足，昼夜温差小，激素处理不当，导致茄子容易出现凹凸果及裂果。土壤过湿，土壤溶液浓度过高时茄子出现缺镁症状，在叶脉附近，特别是主叶脉周围变黄失绿。

针对以上生理性病害产生的原因，主要通过选用优良品种，做好苗期温度管理，促进花芽正常分化，加强田间栽培管理，采用配方施肥，正确使用激素醮花等措施防治生理性病害的发生。

## 八、茄子主要病虫害及防治方法

茄子病虫害的农业防治、物理防治、生物防治、生态防治参照黄瓜章节。

**（1）茄子黄萎病**

目前主要通过嫁接育苗防治黄萎病。药剂防治：木春三号（乙蒜素）+广枯灵（绿亨 4 号）+NEB 苗床消毒及灌根；DT（琥珀酸铜）杀菌剂或绿亨 9 号（恶霉·福）5 克对水 3～4 千克/平方米，分苗时喷洒营养土，再用农思得（二氯异氰尿酸钠）叶面喷雾；发病初期用绿亨 9 号（恶霉·福）600～800 倍液+多抗霉素（宝丽安）+绿亨天宝 1500～2000 倍液喷洒苗床或灌根，定植后用农思得喷雾。

**（2）茄子灰霉病**

嘧霉胺 800 倍液+68.75% 易保 1000 倍液，5～7 天 1 次，连喷 3 次；2.1%的丁子香芹酚 500 倍液+绿亨 5 号（嘧霉胺混剂）700 倍液+万帅 1 号（腺嘌

吟）喷雾；发病初期用 50 扑海因（异菌脲）1000 倍液+70%嘧霉胺（施佳乐）600 倍液+万帅 1 号（腺嘌呤）喷雾 3～4 次防治灰霉病。

**（3）茄子菌核病**

50%嘧菌环胺 1000 倍液+40%菌核净（纹枯利）1000 倍液喷雾 2～3 次；晴天用 50%灰泰朗（异菌脲混剂）1000 倍液，阴天用 2 亿孢子/克特立克每袋加水 50 千克交替喷雾，防治灰霉病、菌核病。

**（4）茄子红蜘蛛、茶黄螨**

四螨嗪（阿波罗）+阿维菌素（齐螨素）+有机硅助剂防治；灭扫利（甲氰菊酯）+哒螨·单甲脒+有机硅助剂可防多种红蜘蛛；用 50%增效浏阳霉素（浏阳霉素+磷酸三苯酯 1∶3）防治红蜘蛛，100 毫升/亩，效果较好。

# 第五章
# 日光温室火龙果栽培技术

日光温室种植的火龙果因日照时数长，昼夜温差大、水质无污染等有利因素，所生产的火龙果具有单果重高、产量好、糖度高、水分足、口感佳等特点，在产量、品质、效益上明显优于南方种植。火龙果在通辽市日光温室的种植，填补了南方水果在通辽市种植的空白，开辟了设施农业特色种植的新途径。

## 一、火龙果生物学特性

玫瑰红火龙果，为仙人掌科量天尺属量天尺科的果用栽培品种。火龙果的果实卵圆、椭圆形，径 10～12 厘米，果皮颜色为紫红色，艳丽迷人，果肉红色。主根不明显，侧根、须根发达。茎蔓三角柱状，肉质，浓绿色有光泽，边缘波浪状，茎蔓分节，节间长，茎蔓凹陷处有刺芽。花期 6—10 月，花蕾着生于茎节处，花朵直径 20～25 厘米，花朵在夜间开放，1 年开花多次（4～7 批次），同一批次开花时间约 3 天，开花后 35～55 天果实成熟。单果重 450～550 克。

火龙果中含糖量较高，水分 83.75 克，还有丰富的蛋白质、膳食纤维、维生素 $B_2$、维生素 $B_3$、维生素 C、铁、磷、镁、钾、胡萝卜素、果糖、葡萄糖、水溶性膳食纤维；含特有的植物性蛋白和花青素；含铁元素量比一般水果要高；火龙果是一种低能量、高纤维的水果，水溶性膳食纤维含量非常丰富。因此，玫瑰红红肉火龙果营养价值高、商品性好，是宾馆饭店及馈赠亲友的上好礼品。

## 二、土壤选择

虽然火龙果对土质要求不高，但是在日光温室中栽培以选择透气性、排水性好，富含有机质的沙壤土最好，忌渍水地、黏土地、盐碱地栽培。

## 三、扦插育苗

### 1. 苗床准备

将土地旋耕后平整，每亩施入腐熟的农家肥 4～5 立方米后深翻、耙平，用福尔马林喷施土壤表面，喷施后立刻覆盖塑料薄膜进行消毒 48 小时，揭去塑料一天后进行移栽。

**2. 苗期管理**

在 3 月下旬，选择一年以上枝条生长充实的茎节，截成长 20 厘米的小段，待伤口风干 3～5 天后插入苗床，株距 5～10 厘米，行距 20 厘米，3～5 天后浇透水，以后 3 天一小浇，7 天一大浇，保持苗床湿润，空气湿度 70%～80%，25～30 天可发芽，待新芽长到 40 厘米高（约 75 天），即可移栽定植。

## 四、栽培方式

日光温室火龙果采用竹竿搭建的篱架式宽窄行栽培，这种栽培方式具有土地利用率高，原材料易购买，成本低，组装简便，使用期长等特点。篱架式宽窄行栽培就是土地深翻耙平整细后，铺上滴灌管，按 1 米×1.8 米的株行距垂直垄向埋设预先绑好的梯形竹架，梯形竹架上底宽 0.3 米，下底宽 0.6 米，高 1.1 米，竹竿直径 5 厘米左右，然后用 6～8 厘米茎粗的长竹竿在梯形竹架上底处和距离下底 0.3 米处将梯形竹架逐个连接，用 6# 铁丝绑好，形成篱架。梯形竹架下面垫半块砖头，防止竹竿年久腐化。把架式整理好后，准备定植火龙果苗。

## 五、定  植

火龙果以 6 月中下旬定植为宜。种植地点确定后整畦，在行距 1.8 米中留下中间 1.0 米为人行道，柱下 0.8 米宽作为种植畦，平畦栽培（图 5-1），土壤松软湿润。做畦的同时每亩施入腐熟农家肥 4～5 立方米，与土混匀做底肥，然后在畦上铺设双排滴灌管，两管间距为 0.4 米。在篱架下，按 0.35 米×0.6 米的株行距定植幼苗，每亩可定植 1600 株。定植时注意宜浅不宜深，以表土盖严根部为宜。

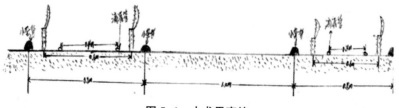

图 5-1  火龙果定植

## 六、栽培管理

### 1. 肥水管理

第一年移栽的火龙果以氮肥为主，结合整地每亩施入 4～5 立方米腐熟的农家肥。定植 15 天左右每亩冲施 75 千克尿素，8 月中旬到 9 月初每亩再施 75 千克尿素，第二年的 4 月、8 月、10 月每次每亩施 3 立方米左右腐熟农家肥。为防治开沟伤根，农家肥采用撒施的方法铺撒在苗床上，撒施后浇水。3 年以上的植株以施磷钾肥为主，控制氮肥的数量，施肥时期以 4 月春季新梢萌发期和 10 月果实集中膨大期为宜。肥料以腐熟的农家肥为主，每年每亩施入量 4～5 立方米即可，同样采用撒施的方法铺撒在苗床上，撒施后浇水。另外，每 10～15 天喷施一次叶面肥，在每批幼果形成后，根外喷施叶面肥，以补充植株的微量元素，提高果实的口感和品质。火龙果较耐旱，定植后不要马上浇水，5 天后一次性浇透，以后 7 天浇一次，保持土壤湿润即可，否则会造成腐烂死苗。开花结果期，要保证植株充足的水分，这样有利于花朵和果实的快速形成及生长。冬季，应控制浇水次数和浇水量，减少棚内湿度，增加植株抗寒和抗病能力。

### 2. 整形修剪

定植的幼苗开始生长时，应及时用布条把主茎绑在篱架上。当主茎超过顶端的竹竿时剪平，促发分枝。侧芽萌发后，合理疏芽，选留略低于支架或支撑架相平的侧芽 3 个，作为一级分枝。当所保留的枝条长到 40 厘米以上时摘心，在一级分枝顶端促发保留一个新芽，长到 40 厘米时作为二次分枝。所选留的二次分枝长到 30～40 厘米时再摘心，摘心后的二级分枝保留一个侧芽自然生长，待无力支撑会自然下垂而形成结果枝，即每个枝条分三段管理，在一级分枝和二级分枝上留果，第三段为营养枝（图 5-2）。种植第二年，每个坐果枝留一个果，每株火龙果一批只留 3 个果，以保证火龙果的产量和品质。第二年 7 月，在一级分支处留 2～3 个新芽以促发新枝，使每个主干留 5～6 个枝条，使其在支架上均匀分布，每个枝条的管理同第一年。进入结果期，每个枝条大约现花蕾 5～6 个，待花蕾 1 厘米左右时疏蕾，每枝只留一个健康花蕾。进入结果期后，应及时剪去上部萌发的新芽，并做好采果后的修剪，将挂过果的老枝、弱枝、下垂近地面的枝和过密枝剪除。

### 3. 花果管理

温室内栽培的火龙果，为了提高坐果率，最好进行人工授粉，授粉时间选

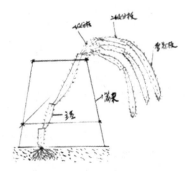

图 5-2　三段管理

在傍晚花开或清晨花尚未闭合前，用毛笔直接将花粉涂至雌花柱头上。

疏花在花蕾开放前进行，每个分枝保留 3～4 个花蕾。疏果在生理落果（开花后 6 天左右）后马上进行，每一枝条留 1 个果。及时摘掉病虫果、畸形果，以提高果实的商品价值。

### 4. 温湿度管理

火龙果温室种植，应合理调控棚室内温度，以利于植株的正常生长，延长花期，提高产量和品质。定植后，夜间最低温度应在 15℃ 以上，白天在 35℃ 以下，湿度控制在 70%～80%。9 月上中旬后，棚室外应加盖草帘或者棉被，夜间温度应控制在 18℃ 以上，白天 35℃ 以下，湿度控制在 70%～80%。当冬季室内最低温度降到 10℃ 以下时，应加强保温措施，提高棚室内的温度。

## 七、病虫害防治

火龙果适应性较强，病虫害发病轻。主要病害有茎腐病和灰霉病等，主要虫害为蚜虫和蚂蚁等。

### 1. 茎腐病

主要在低温高湿的环境下发病，表现为茎基部或上部茎结出现水侵状灰褐色病斑，严重时茎肉腐烂，导致植株死亡。为预防发病，定植时用 50% 多菌灵可湿性粉剂 600 倍液浸渍幼苗 5～10 分钟后再插植。发病后用 50% 甲基托布津可湿性粉剂 600 倍液或 75% 百菌清可湿性粉剂 800 倍液喷洒防治。

### 2. 灰霉病

基部初现水浸状淡黄斑，扩大变灰褐色，后生灰色霉层，最后深褐色枯死。低温高湿是发病的主要原因，发病后用 80% 代森锌可湿性粉剂 500 倍液或

75%百菌清可湿性粉剂 800 倍液喷雾。

### 3. 蚜虫、蚂蚁

可用 25%的噻嗪酮可湿性粉剂 1000 倍液+10%吡虫啉喷雾防治蚜虫。防治蚂蚁为害一般不需喷施农药，每年春季可在定植穴周围撒施少量生石灰即可。

# 第六章
# 日光温室冬春茬黄瓜栽培技术

# 一、育　苗

## 1. 品种选择

选用耐低温弱光、植株长势较旺又不易徒长、分枝较少、雌花节位低、品质优良、产量高的品种，如中荷 10、豌美、6M12、龙泉 88 等。

## 2. 育　苗

采用集约化育苗，保证秧苗质量。

# 二、定　植

## 1. 棚体消毒

新建温室一般不需要对棚体进行消毒处理，但种植 3 年以上的老棚一定要结合夏秋整地晒垄进行土壤处理和棚架墙体消毒。

## 2. 整地作畦

黄瓜定植前 10～15 天要深松整地、作畦。当前有两种作畦方法：一是畦内起垄覆膜栽培；二是大垄高台膜下暗灌栽培。

## 3. 施肥量及施肥方法

一般亩施优质腐熟的农家肥 20～30 立方米，其中猪粪（10 立方米或糟牛粪 20 立方米），羊粪 10 立方米（或鸡鸭粪 5～10 立方米）。亩施磷酸二铵 50 千克（或过磷酸钙 150 千克），生物菌肥 50 千克，硫酸钾 25 千克，硫酸锌 2 千克、硝酸钙 2～3 千克，硼砂 2～3 千克，硫酸镁 2～3 千克。

## 4. 定植时间

冬春茬黄瓜一般在 10 月上中旬、地温≥15℃时定植。

### （1）定植密度

中小叶品种早期丰产性好，宜密植，行株距 60 厘米×50 厘米×25 厘米，亩保苗 4000 株为宜；大叶品种茎叶健旺，中后期丰产性好，宜稀植，行株距 60 厘米×50 厘米×30 厘米，亩保苗 3700 株为宜。

### （2）定植方法

定植前一天的下午把嫁接苗连同营养钵，按每畦定植的苗数，摆放在两条定植沟的中间部位。定植时，边撤掉营养钵边摆坨，距离要均匀，苗坨要坐实，子叶方向要一致，株间要点施二铵少许作口肥，然后浇足定植水。

## 三、定植后管理

### 1. 温度管理

定植后的 7～8 天，白天进行 35℃ 的高温管理，夜间保持在 13～15℃ 为宜。此时，黄瓜苗贴近地面，加之空气湿度大，龙头部位的实际温度在 30℃ 左右，不会产生负消耗，但能够提高地温，从而有利于发根和缓苗。缓苗后，白天控制在 25～30℃，夜间保持在 11～13℃。

### 2. 水肥管理

定植前后要浇足"三水"喷好"三肥"。"三水"，一是底墒水。定植前如果土壤干旱、底墒差，要提前浇足底墒水。二是定植水。浇底墒水的，定植水以定植沟水满为度；没浇底墒水的，定植水一定要浇足浇透。三是缓苗水。定植后 7～8 天，要及时覆完膜并进行膜下重浇缓苗水。"三肥"，即定植前统一对嫁接苗喷一次大量元素叶面肥，如叶威、叶霸、磷酸二氢钾等，定植后每隔 3～4 天喷一次，连喷 2～3 次，能起到促生长、助发根的作用。

### 3. 中耕松土

定植后 3～4 天，要及时进行中耕松土 1～2 次，散失地表多余的水分，利于提高地温。

### 4. 起　垄

定植后 4～5 天，当土壤较为疏松时要及时起垄培土，以垄高 13～15 厘米为宜，培土要超过苗坨 2 厘米，以利于发生不定根。垄沟、垄台要整平整细，垄帮要刮光压实，以利于接通底墒和便于浇水。

### 5. 覆　膜

起垄后要及时覆膜，要垂直垄向开口放苗，并把地膜拉紧、压实，膜面光滑无皱，有利采光。从中耕、起垄、覆膜到浇缓苗水，整个管理过程要环环相扣，紧张有序。

## 四、结果期管理

### 1. 温度管理

根瓜采收后至拉秧前始终要进行一天四段变温管理，即上午 25～30℃，下午 25～20℃，前半夜 20～15℃，后半夜 15～10℃。要达到上述温度要求，只有通过增减御寒物和通风调节温度两项措施来实现。御寒物的管理：冬季早晨室温低于13℃时要加盖草帘，由少到多，直至盖严。当室温仍低于13℃时，则需加盖"防雪布"。春季转暖，早晨室温高于15℃时，应依次撤下"防雪布"、放夜风、放花帘、直至去除草帘。

### 2. 肥水管理

**（1）追施化肥**

根据磷、钾元素在土壤内不易移动的特性，在30%根瓜长到10～20厘米时，要结合重浇催瓜水重施一次磷钾肥，使瓜条在大量形成前有充足的磷、钾元素储备，亩深追（9厘米）磷酸二铵50千克，硫酸钾25千克。在第二瓜采收后三瓜采收前再重施冲施肥一次，亩施冲施肥40千克。

**（2）根外追肥**

根外追施叶面肥具有调控作物生长、延缓作物衰老，防止缺素症发生的重要作用，是追施化肥不可替代的补肥措施之一。根瓜采收初期黄瓜长势弱，以补大量元素为主，主要目的是促发棵促生长；落蔓前以补中微量元素为主，大量元素为辅；落蔓后则进入大量元素与中微量元素并举阶段，主要目的是平衡营养生长和生殖生长、防止缺素症发生。

**（3）水分管理**

浇水时要做到三看：一看天，阴、雨、雪天不浇水；二看地，地温低于13～15℃时不浇水；三看作物长势，例如，黄瓜叶片大而薄、叶柄长，节间超过12厘米、卷须伸展，应控制浇水；黄瓜叶片在晴天中午有短期萎蔫、叶色由浓绿转黑绿且发暗、卷须卷曲、空气湿度在50%～60%时则需浇水。

## 五、吊蔓与落蔓

当黄瓜长至8～10片叶，茎蔓不能直立时开始吊蔓，要边吊蔓边去掉嫁接夹。吊蔓方法：在黄瓜垄的上端架一条2～2.2米高，南北向一道铁线。吊绳上端拴在铁线上，下端拴在黄瓜的茎基部，龙头高度要一致。当龙头与顶部拉线平齐或超过20～30厘米而腰瓜摘至1.5米左右高度时要进行落蔓。因为结瓜位超过1.5米后，向瓜内输送养分的能力将逐渐减弱，弯瓜、尖嘴瓜、大肚瓜增多。瓜秧超过2米后，龙头将变得细弱，瓜打顶现象严重。落蔓过晚黄瓜歇棚的时间延长，将严重影响产量和效益。落蔓的基本方法是：先把瓜下4片叶以下失去光泽、发脆、变黄的老叶全部打掉，在晴好上午10点至下午3点解开吊绳的上端，使无叶的茎蔓呈螺旋状盘卷在畦面上，龙头高度要保持一致，再重新拴住。整个生育期要落蔓 4～6 次。

## 六、调控株型

调控株型是黄瓜结果期的管理核心，一切管理措施都要围绕黄瓜株型的发育状况来进行。通过对温度、施肥、浇水、摘瓜等方面实施动态管理，维持和保证黄瓜作物的营养生长和生殖生长始终处于平衡状态。

### 1. 结果位与株型的调控

瓜位距龙头的远近是衡量黄瓜生长发育是否处在最佳状态的重要标志。当黄瓜中部叶片深绿色，顶部叶片嫩绿色且鲜艳有光泽，节间 8～10 厘米，瓜位距龙头 40～50 厘米时，则温度、水分、养分管理适度，视为标准株型；当黄瓜叶片浅绿色，叶大而薄，节间大于 12 厘米，结果位距龙头超过 50 厘米时，则是氮肥多，水分足，夜温高，或是过勤施用大量元素叶面肥，造成营养生长过盛和徒长，应重施磷、钾肥，控制浇水，降低夜温，同时在徒长株上留一大瓜以控制瓜秧的生长；当黄瓜节间短（4～6 厘米）、叶片小，结瓜多，甩瓜慢，生长明显减慢，瓜位距龙头不足 30 厘米时，则是氮肥少，水分不足，夜温过低，或是生殖生长过旺而营养生长受到抑制，应加强浇水，增施氮肥，提高夜温以"提秧"，或进行必要的疏花疏瓜处理，即每节留 1～2 个向下开放的花，其余全部摘除，同时去掉畸形瓜、病瓜及部分大瓜；当黄瓜叶片黑绿色，叶片发乌无光泽，叶片厚且脆，而水分充足时，可能是激素或叶面肥中毒，或是肥量过剩所致，要浇一次空水进行缓解。

### 2. 摘瓜与株型的调控

根瓜长到 20 厘米时，要及时采摘，有利于黄瓜初果期的营养生长，培育丰产长相。腰瓜采摘要视具体情况而定，一般达到商品瓜即应采摘。此外，还要及时摘除侧枝、病叶、黄叶和病花、病瓜、畸形瓜等，减少养分消耗。

## 七、病虫害绿色防控技术

按照"预防为主，综合防治"的植保方针，大力推广农业防治、物理防治、生物防治和生态控制等综合措施，最大限度地减少化学农药的使用，并按照国家无公害农产品农药禁用品种及替代农药品种进行农药使用，有效控制蔬菜病虫的为害。

### 1. 农业防控措施

选用抗病品种。培育无病虫害的适龄壮苗（高产苗），提倡采用工厂化集约育苗（穴盘无土育苗）。

与非茄科作物轮作或年内换茬种植。

增施有机肥，改良土壤，促进蔬菜作物根系发育、生长健壮，增强蔬菜抗病力，增加产量和提高品质。

采用大垄高台地膜覆盖栽培技术。

合理密植及整枝技术。

利用昆虫授粉防治落花、落果。

清洁田园，减少越冬虫、菌源。禁止把残枝落叶堆放在棚区内，要带出田外深埋处理。也可用秸秆发酵菌剂进行堆制沤肥。

### 2. 生态防控措施

主要是利用温湿度控制，创造有利于作物生长而不利于病虫害发生的环境条件来控制病虫害的发生。如放风降温、合理浇水调控湿度等。

### 3. 物理防控措施

用黑光灯、频振式杀虫灯诱杀棉铃虫、烟青虫、蝼蛄等。

干热消毒，晒干，在72℃恒温箱内处理72个小时。

防虫网，作物种在"蚊帐"里。

银灰反光膜避蚜等。

黄板诱杀蚜虫和白粉虱等。

糖醋液诱杀地老虎等。

杨树把诱杀棉铃虫等。

人工捕杀、摘除卵块等。

高温焖棚。在夏节，利用温室闲置期，采取密闭大棚，进行高温焖棚消毒，选晴天高温焖棚10～15天，使棚内最高气温达60～70℃，有效地杀灭棚内及土壤表层的病虫。

### 4. 生物防治措施

利用瓢虫、草蛉、蚜茧蜂等防治蚜虫，利用赤眼蜂防治棉铃虫。

利用丽蚜小蜂防治白粉虱，在温度不低于15℃的情况下，每次每株放蜂7头左右，7～10天一次，连放3次，防治效果在70%～90%。

利用灭幼脲类抗脱皮激素农药防治棉铃虫。

利用苏云金杆菌、青虫菌防治棉铃虫。

用农抗 120 防治枯萎病。

利用农用链霉素防治青枯、软腐和叶斑等细菌性病害。

用井冈霉素防治立枯病。

用新植霉素防治疮痂和叶斑病。

用卫星核糖核酸 S-52 弱毒疫苗防治病毒病。

### 5. 化学防治措施

化学防治与其他防治措施相比，立竿见影，效果快、好。但在使用化学农药时要坚持以下原则。

对症下药。

选择适宜的剂型。

适时用药。

适宜的浓度、次数、间隔期。

保证用药质量，准确命中靶子，这样在喷药时就得周到细致，配药准确，最好不要用刚抽上来的井水（冷凉）。

合理用药：要轮换、交替使用，复配使用农药。

安全用药：主要指环境安全、作物安全、人身安全（施药者、消费者）。

严格执行国家有关无公害农产品生产禁用、限用农药和替代农药品种。

## 八、采收及采收后处理

### 1. 采 收

采收时间。根据黄瓜成熟度确定采收时间。

采收时避免使果实产生机械创伤，最好上午采收。

### 2. 包 装

黄瓜采后处理可使产品清洁、整齐、美观，有利于销售和食用，延长蔬菜的贮藏寿命和货架寿命，提高产品的商品价值。

分级：根据采收后的黄瓜大小、重量、形状、色泽、成熟度等很难达到一致标准，产品分级可有效解决这一问题并实现产品统一化。

分级方法：采用人工分级，这是目前国内普遍采用的分级方法。这种分级方法凭人的视觉判断，按黄瓜的颜色、大小产品分为若干级。人工分级方法简单，能很大程度地减轻蔬菜的机械伤害，适用于各种蔬菜。

包装：用塑料袋或纸箱包装销售。

## 3. 蔬菜贮藏

黄瓜采收以后经过分级、包装，根据黄瓜贮藏条件要求，采用其适宜的低温进行短期冷藏，并及时分销。

# 第七章

# 通辽地区日光温室辣椒剪枝再生栽培技术

通辽市是内蒙古自治区（以下简称内蒙古，全书同）最大的辣椒集中生产区，目前通辽地区辣椒年播种面积约为 50 万亩。辣椒在通辽地区的种植主要以露地种植为主，采收期从 6 月开始一直持续到 10 月。近年来，随着通辽市设施农业的发展，辣椒日光温室种植面积迅速增加，种植模式有早春茬，秋延后和越冬茬 3 个模式，每个种植模式均采收 1 个生长季。

为了延长辣椒的生长期并提高效益，发挥日光温室周年生产的优势，充分利用日光温室的地力和夏季休闲期，经过 3 年的种植试验，利用辣椒植株具有器官再生无限开花这一特性，对辣椒植株进行剪枝再生栽培技术，促使辣椒长出新枝，再开花结果，从而延长采收期，提高产量。

# 一、第一茬辣椒管理要点

## 1. 品种选择

选用根系发达、再生能力强、高产、抗病的辣椒品种。

## 2. 播前准备

将过筛后的田园土、腐熟有机肥和珍珠岩按照 6∶3∶1 的比例配制营养土，并用多菌灵药液进行杀菌消毒处理，将营养土拌匀堆焖 3～4 天后使用。将配好的营养土装入 50 孔穴盘中，把装好的穴盘摆入提前挖好的苗床上，苗床大小根据穴盘大小和播种量确定。

## 3. 适时播种

通辽地区早春茬辣椒育大苗，播种时间一般为 12 月 15 日。播种前把穴盘浇透水，待水分渗下后进行开穴，穴深 2 厘米左右，每穴播 1～2 粒种子，播种后覆 1 厘米左右营养土，为了保墒增温提高种子的发芽率和出苗速度，在穴盘上铺塑料薄膜，在苗床上支塑料小拱棚。

## 4. 苗期管理

温度和光照是通辽地区早春茬育苗管理的关键因素，如遇极端天气应对育苗温室进行加温和补光。白天温度应控制在 22～27℃，夜间控制在 18～20℃。播种后至出苗前不应再次浇水，出苗后根据苗情和墒情，小水勤浇。待幼苗两叶一心时揭掉塑料薄膜，适当降低温度，避免徒长。

## 5. 定植前准备

定植前应逐步打开小拱棚，对辣椒幼苗进行低温炼苗。对温室土壤进行整地施肥翻耕。辣椒是喜肥作物，定植前每亩施腐熟农家肥 5000 千克，复合肥

30 千克，深翻土壤 15～20 厘米，整地做垄，垄距 80 厘米，垄高 35 厘米，铺设滴灌设备，垄上覆盖塑料薄膜。

### 6. 定  植

通辽地区早春茬定植时间一般在 2 月 20 日左右，选择在晴天的上午或傍晚进行。垄上开 6～7 厘米深穴，株距 30 厘米左右，定植后浇一遍定根水。缓苗期间白天温度应控制在 20～25℃，夜间控制在 10～15℃，空气湿度控制在40%～50%。

### 7. 田间管理

为防止落花落果，温度白天应控制在 20～30℃，夜间 15～20℃，湿度高于50%时应通风。在门椒膨大期，用水溶性冲施肥追肥一次。及时吊绳拢叶，摘除底部病叶老叶，叶腋处的无用枝随出随抹，利于通风透光，减少营养消耗。

### 8. 适时采收

辣椒的连续坐果能力较强，且早春茬的价格优势明显，因此要及时采收，提高产量和效益。一般进入 4 月中旬即可采收，每次采收后，用水溶性冲施肥追肥一次。6 月末第一茬辣椒采收基本结束。

## 二、剪枝及剪枝后管理

### 1. 适时剪枝

7 月中旬，在第一茬辣椒采收完毕后，气温进入高温期，植株生长量减少，结果部位逐渐远离主茎，植株开始衰老，此时是进行辣椒植株修剪的最佳时期，并且第二茬辣椒上市的时间正好处于露地和设施辣椒销售的空档期，可以获得较好的效益。

### 2. 剪枝方法

在剪枝前 15 天左右，对植株进行打顶，不让植株形成新的梢和花蕾，促使下部侧枝及早萌动。修剪的方法是用较锋利的修枝刀将"四门斗"以上枝条全部剪除，剪口在分枝以上 1 厘米处，剪口斜向下且光滑。剪枝应在晴天的上午进行，用 0.1%的高锰酸钾溶液或 75%的酒精为剪枝刀消毒，每剪一株消毒一次。

### 3. 剪枝后管理

剪枝后要立即进行施肥，每亩施用腐熟有机肥 800～1000 千克，并加入三元复合肥 10 千克，施肥后结合中耕进行培土，疏松板结的土壤，每 10 天左右浇一次水。及时清除温室内的残叶和病株。为防止病虫侵害剪枝切口，剪枝后用 50%多菌灵可湿性粉剂或 75%百菌清可湿性粉剂 500 倍液喷雾 1 次。辣椒适宜的生长温度为 23～28℃，7 月中旬至 8 月中旬温度较高，要及时放风，拉遮阳网降低光照强度，使剪枝后温度控制在辣椒适宜生长的温度范围内。

### 4. 再生植株管理

剪枝后，植株上萌发的侧芽较多，为集中植株营养，一般选取 5～7 个生长势良好的侧芽作为新枝，其余腋芽应及时抹去，每株保果 14 个左右。待新枝长至 25 厘米左右时，要及时整枝吊绳。在剪枝后 40 天左右，辣椒植株开始开花结果，12 月中上旬开始采收。

## 三、病虫害防治

辣椒猝倒病主要发生在苗期，可用百菌清或多菌灵防治。灰霉病也易于苗期发病，可用普海因或速克灵防治。疫病在苗期和成株期均可发生，可用乙磷锰锌、百菌清或杀毒矾防治。辣椒炭疽病主要发生在成株期，常用炭疽福镁、甲基托布津或百菌清防治。

辣椒主要虫害有白粉虱、蚜虫、蓟马等，可用吡虫啉、溴氰菊酯乳油或阿维菌素进行防治。

# 第八章

## 冬春茬日光温室
## 辣椒—豆角—甘蓝—西葫芦
## 立体高效种植技术规程

## 一、种植模式

冬春茬辣椒—豆角—甘蓝立体种植模式，辣椒在 10 月末至 11 月上旬下籽育苗，下年 1 月中旬左右定植，2 月末至 3 月上旬上市，6 月末至 7 月上旬生产结束；豆角 12 月中下旬左右育苗，在高台辣椒株间与辣椒同时定植，5 月末拉秧罢园；甘蓝 11 月末至 12 月上旬育苗，辣椒定植后在大行间定植甘蓝（1 月中下旬）辣椒采收上市初期，甘蓝收获结束，西葫芦 12 月下旬育苗，在每畦辣椒的棚前脚与辣椒同时定植一株西葫芦，1 月中旬开始采收，5 月初拉秧。利用辣椒封垄采收前的这段时间，收获一茬甘蓝，既增加了收入，还不影响辣椒的正常生产和管理（以上所说的育苗指营养钵育苗法）。

## 二、种植效益

正常情况下，主栽作物辣椒 0.75 万千克/亩，产值 2.3 万元；豆角 0.1 万千克/亩左右，产值 0.4 万元左右；甘蓝 0.2 万千克/亩左右，产值 0.3 万元，西葫芦 0.2 万千克/亩左右，产值 0.3 万元。这一茬生产结束后，产值达到 3.3 万元/亩，扣除生产成本 0.5 万元/亩，纯收入近 2.8 万元/亩。

## 三、冬春茬日光温室辣椒种植技术要点

### 1. 品种选择

选择耐低温、抗病、早熟、高产、耐贮运、商品性好品种，如友合 2 号、龙鼎 1 号、迅驰 37-74 等品种。

### 2. 育　苗

提倡使用穴盘无土育苗，通过育苗工厂订购种苗。根据定植时间，要提前订购，保证定植需要。

### 3. 适时定植

**（1）整　地**

结合整地，施入优质腐熟的农家肥 12～15 立方米/亩以上撒入地表，起垄作畦。采用大垄高台双行覆膜栽培，按每畦宽 120 厘米做一高台，台高 20 厘米，底宽 60 厘米，上宽 45 厘米，在台中间开沟（也作为膜下暗灌沟），施入

磷酸二铵 50 千克/亩，硫酸钾 25 千克/亩，生物有机肥 25 千克/亩，然后覆上地膜。秋冬茬在 9 月中下旬至 10 月上旬定植；冬春茬在 12 月中下旬定植。株行距及每亩定植株数按品种要求合理密植。

**（2）秸秆反应堆**

秸秆反应堆是近几年在通辽市推广的适用技术，主要起到提高地温、棚温，增加土壤有机质活化土壤结构，减少化肥、农药用量，补充二氧化碳，减轻病虫害发生的作用，可增产 30% 以上，提高产品质量。主要技术要点是：选用玉米秸、麦秸、稻草、谷秸、高粱秸等，在种植行下或行间开沟 20 厘米深，宽度根据种植作物而定，一般比种植作物行距宽 10 厘米，铺整捆秸秆 30 厘米厚，亩用菌种 10 千克，与一定量的麦麸子混拌均匀，均匀撒入秸秆上，覆土不宜过厚，一般 10~15 厘米，浇水要透、足，打孔要及时，在作物定植前 15 天左右把反应堆做好。

**4. 定植后管理**

**（1）温度管理**

定植后到缓苗前，白天温度 28~35℃，夜间 18~23℃，高温促缓苗。缓苗后，白天 25~28℃，前半夜 18~23℃，后半夜 15~18℃为宜，早晨最低温度不低于 12℃，如果棚内温度高于 30℃以上或低于 15℃，辣椒的落花、落果、落叶（三落病）率和畸形果率明显增加。辣椒的生育后期，处于温室较高的夏季，此时要及时增加温室的放风量，待外界气温高于 15℃以上时，要昼夜放风进行降温。

**（2）水肥管理**

定植后膜下暗灌浇缓苗水，待水渗后及时封埯，直到门椒坐住后开始膨大前不浇水，这期间以控上促下为目的，增强根系发育。当门椒开始膨大时进行施肥浇水，促其膨大。以后每 10 天左右浇一次水并随水冲施肥，每次冲施 15~20 千克/亩，以促其开花结果，提高产量。

**（3）植株调整**

门椒和对椒适当早采摘，要及时打掉门椒以下的侧枝，以上每层果采摘后要及时把下面的老叶和病叶打掉。同时，要适当把伸向垄内的较弱侧枝疏掉，以保证植株的正常通风透光，增强光合作用。

**（4）病虫害防治**

按照绿色防控技术要求，做好辣椒疫病、根腐病、病毒病、炭疽病、灰霉病等病害，蚜虫、白粉虱等虫害的防治。

## 5. 辣椒、豆角、甘蓝、西葫芦套作技术

### （1）辣椒栽培技术要点

同常规栽培方法。

### （2）豆角栽培技术要点

品种选择：选择丰产、抗病、商品性好的品种，如大连白、碧丰九号、君乐 851 等品种。

育苗：秋冬茬可直播，在棚室后墙脚种植一垄和每个脊柱下种植一穴。冬春茬采用育苗进行定植，用纸筒或营养钵育苗，豆角苗长到 5～6 叶期与辣椒同时定植。每隔 3 条垄辣椒在第 4 条垄上每隔 4 株辣椒定植一穴豆角，相邻两行定植的豆角应错开，使之纵成行，斜成线，错落有致，这样才能创造最佳的通风透光条件，使两作物均能获得高产。也可以在后墙脚和脊柱下定植。

田间管理：水肥管理随同辣椒。注意防治锈病、炭疽病、茎基腐病等病害，白粉虱、斑潜蝇等虫害。在采收时要注意不要损害或扯断豆角蔓。

### （3）甘蓝栽培技术要点

品种选择：选择生长期较短、抗逆性强的品种，如中甘 11、8398、8312 等。

定植：提前进行育苗，辣椒定植完后，在高畦间的畦沟作业道内单行定植，移栽前在定植行内开沟施入足量的优质农家肥，株距按 35 厘米左右定植。

田间管理：温度管理随同辣椒，到甘蓝团棵时追施速效氮肥 30 千克/亩左右，用塑料软管小水浇灌 2～3 次即可，到辣椒开始采摘时甘蓝一次性收获（约定植 45 天），不影响辣椒的生长和正常田间管理。

### （4）西葫芦栽培技术要点

品种选择：选择抗低温、坐果率高、采收期长的品种，如冬玉、凯撒、法拉丽等。

定植：及时培育壮苗，与辣椒同时定植，在每个高畦的棚前脚定植一株，施入底肥和农家肥同辣椒一样。

田间管理：温度管理随同辣椒，7 片叶后开始留瓜，及时采收底瓜，合理蘸花，防止激素中毒，同辣椒冲施相同的冲施肥即可，及时疏瓜，待盛果期补施含钾量较高的复合肥 3～5 次，用量按 30 千克/亩计算，及时采收，使生殖生长和营养生长平衡。

# 第九章

# 通辽地区日光温室冬季
# 百合鲜切花栽培技术

## 第九章　通辽地区日光温室冬季百合鲜切花栽培技术

经过多年的努力，通辽地区日光温室发展已初具规模，并呈现良好的发展势头。栽培品种以茄果类、叶菜类、果树居多，为丰富日光温室种植品种特引进百合，近几年百合已经成为通辽地区日光温室栽培的重要组成部分，不仅可以丰富温室栽培品种又可以提高种植户的收入。由于通辽地区特殊的气候条件，生产出的鲜切花花香色艳，经过多年栽培种植总结出了通辽地区百合鲜切花栽培技术。针对通辽地区百合栽培存在的诸多制约因素开展技术试验与创新，总结国内外的先进技术，对百合各个环节进行规范，通过本单位多年试验示范，总结出适合通辽地区的百合栽培技术，希望对通辽地区百合标准化生产有一定指导意义。

## 一、土壤处理

### 1. 土壤消毒

施药前准备：清洁田园，施入腐熟的农家肥，灌水增加土壤湿度，使土壤含水量达到60%以上，让虫卵、细菌和草籽萌动，5天后再进行深翻。

清洁田园，按面积计算，将药剂25～30克/平方米均匀撒在土壤表面，将药剂与20厘米的土层混合均匀，浇水增湿后立即用塑料薄膜覆盖，四周用土压实，密闭10～15天后揭开薄膜通风5天，翻地1～2次，随机取土做小白菜的发芽试验，如果小白菜能正常发芽后方可种植，如果发芽试验不理想，应继续翻地松土。

为防止盐分在土壤表面积累，应在种植前采用大水漫灌，对土壤进行洗盐。

### 2. 调节土壤 pH 值

通辽地区土壤 pH 值在 6.4～9.1，而百合适宜的土壤 pH 值为 5.5～6.5，为降低土壤 pH 值，可施用硫磺粉 50～100 千克/亩，硫黄粉具有促进植物生根的作用，通辽地区栽培百合影响因素最大的就是 pH 值，pH 值过高易导致 P、Mn、Fe 的吸收不足，产生缺素症，尤其以 Fe 的缺素症最为明显。通辽地区栽培百合容易产生缺铁症，平衡施肥预防钾过剩或在土壤中施硝酸钙、碳酸镁有助于减缓缺钙症状的发生。

### 3. 施　肥

通辽地区土壤偏沙，比较适宜种植百合，施入充分腐熟的有机肥15立方米，最好用牛、猪、羊粪肥，慎用鸡粪肥。在计划种植地块上测定土壤中氮、五氧化二磷、氧化钾的含量，根据测定数据和标准施肥量及比例制定施肥配方，按照配方比例将长效缓释肥配比后一次性深施，因为百合对盐分要求较严格，除施用有机肥外，每亩应施用缓释尿素 30 千克＋长效硫酸钾 90 千克，百合忌用含氟、氯的肥料。

生长期根据生长情况追施肥料，可喷施腐殖质酸，磷酸二氢钾，注意补施硼、镁、铁肥。如果植株下部叶片有发黄现象，需要追施硫酸镁 0.15～0.2 千克/100 平方米，生长期新叶失绿血药螯合铁喷雾或灌根，孕蕾期及时补施硝酸钙，如果叶面整体发黄，则喷施 0.5％尿素，采收前叶片增绿喷施磷酸二氢钾。

在栽培前应及时的清除上茬栽培的病原体，再整时要将百合的残体清除出去，集中烧毁，减少病原体初次侵染。建议采用租棚轮作的方式避免重茬病虫害严重的效果不明显是土传病害在温室内存活时间为两年以上，不易于管理，增加成本，所以不建议租棚轮作。

### 4. 整 地

应选择土壤肥沃、土层深厚，结构疏松，富含有机质，排水良好的沙壤土，通辽地区的土壤偏沙，正好适合栽培百合，土壤深耕耙平后，温室南北起垄，垄面宽 1～1.2 米，高 20～30 厘米，垄间距 30 厘米。

## 二、栽培模式

### 1. 种球的选择

选种新鲜饱满、鳞片完整、无虫害、无冻害、均衡度好的种球。周径 14～18 厘米，新亚生长点高度占鳞茎高度的 70％以上，种球茎眼修复良好、芽粗壮、芽心粉红色，新芽高度小于 3 厘米。

### 2. 种球解冻

种球抵达后应及时打来包装袋，冷冻的种球必须置于 10～15℃，遮阴条件下慢慢解冻，待完全解冻后立即消毒播种，如解冻后种球不能马上播完，应立即在 2～5℃条件下存放，长时间不能播种应在 0～2℃下保存。

### 3. 种 植

通辽地区为赶上元旦和春节，一般种植时间为 9 月中旬，根据品种特性进行栽培，种球小的密植，种球大的稀植，夏密冬稀，周径为 14～16 厘米的种球应株行距 25 厘米×10 厘米，每亩大约种植 1.3 万～1.5 万球，种植时顶芽垂直向上，种球上方土层厚 6～8 厘米，种植后马上浇一次透水，2～3 天后再浇 2 水，7～10 天浇 3 水。定植的程序包括做床，撒土壤调节剂，撒长效缓释肥、与表土混拌均匀、开沟栽培、覆土平床、浇透水，安装滴管、有条件的可以覆盖一些覆盖物。

## 三、温光管理

### 1. 温度管理

鳞茎生根前，土壤温度保持在 12～13℃，以促进生根，生长时期最适温度为 16～25℃，不易超过 28℃，否则易造成植株矮小，花数少，盲花多，夜间温度不宜低于 13℃，否则易造成植株黄化落蕾。

尽量缩短最低温度的持续时间，有加温条件的可以午夜后升温，无加温设施的，应加厚温室覆盖材料，或者采用多层覆盖或多层薄膜覆盖。利用白天提高温度，冬季温度低尽量减少通风次数，注意连阴天雪天棚室的防护措施。

### 2. 光照管理

待苗长到 40 厘米时全遮阴；刚出现花蕾到可以看见花蕾，中午 10—15 时遮阴；花苞长 1～3 厘米时中午 11—14 时遮阴；花苞长 4～6 厘米时，10—15 时遮阴；采前一周全部遮阴。

## 四、病虫害

### 1. 农业防治

选用适宜的品种，不选超大或敏感品种，适宜的温光水管理，施用充分腐熟的有机肥。

### 2. 物理防治

温室内张挂黄板诱杀害虫。

### 3. 化学防治

叶枯病用 65% 甲霉灵可湿性粉剂 1500 倍液；炭疽病用 50% 施保功 1000 倍液。

## 五、采 收

百合切花通常在第一朵花充分膨胀微裂时进行采摘，防止花粉污染花朵。

分级扎捆，去除 10 厘米以下的叶片。采收头一天视棚内土壤水分状况可适量补充水分，应在早上 10 时之前进行，采收的花应置于阴凉处，避免太阳直射，并进行分级与成束包装。若因气候异常或计划失误等原因，造成大量百合花提前成熟，应采取安全冷藏的方法补救。

成熟度标准如下。

一是基部第一个花苞已经转色，但未充分显色，适宜夏秋季远距离运输销售，可安全贮藏 4 周。

二是基部第一朵花充分显色，但未充分膨胀，适合冬季远距离运输和夏秋季近距离销售。

三是基部第一朵花苞充分显色和膨胀，但仍然抱紧，第二个花苞开始显色，适合冬季近距离运输和就近销售。

四是基部第一朵花已经充分显色和膨胀，花苞顶部已经开始展开，第二、第三花苞显色，此阶段采收，不宜运输，应近距离销售。

（第九章书稿由刁亚娟提供）

# 第十章

# 日光温室草莓栽培技术

草莓属于蔷薇科草莓属多年生常绿草本植物。它是一种营养丰富和经济价值较高的小浆果，具有结果早、产量高、上市早、收益快、适应性强和栽培管理容易等特点，是农民致富的良好作物之一。

草莓果实除鲜食外，还能制成酱、酒、汁等各种加工制品，也可通过冷冻处理制成速冻鲜果。草莓果实中含有多种营养成分，尤其是维生素 C 含量很高。在每百克果肉中含维生素 C 13～50 毫克，比苹果和葡萄高出十多倍，是一种颇受欢迎的水果。

通辽地区草莓栽培的时间很晚，20 世纪 60 年代初才有，而且品种很少，发展很慢，大量引种于 20 世纪 80 年代初开始。近年来，随着草莓科研工作的不断开展和果品市场的激烈竞争，通辽地区的草莓栽培面积逐年扩大，产量不断提高。内蒙古西起乌海东至海拉尔都有栽培，但仍为零星栽植，没有成片的大面积栽培。2009 年通辽市农业技术推广站引进了脱毒草莓新品种，在温室内种植成功，并在去冬今春极度严寒的气候环境下，生长情况良好。现将主要栽培技术介绍如下。

# 一、品种选择

我国目前草莓栽培品种已近百个，尤其是近几年来品种更新速度较快，除国内科研院所培育的一些新品种外，通过各种途径也引进了一些国外品种，经过试栽和推广，有些已成为我国的主栽品种。

怎样选择栽培品种，从品种自身看：一要丰产性好，相关经济性状突出；二要品质优，要求果实外观品质好，内在品质优，符合鲜食或加工所要求的质量标准；三要果形正，贮运性好；四要生物学性状优良，繁殖系数高；五要抗逆性强。

在生产应用时还应考虑以下 3 个方面：一是根据生产目的选择品种。如果以鲜果直接进入市场，在品种选择上就应选择口感好、芳香味浓、含糖量高、畸形果少、果色鲜红的品种。如果用于深加工，则应选择加工性状优良的品种，如哈尼、森加森加拉、保加利亚一号、达思罗等。二是根据栽培形式选择品种。温室栽培的品种，要求休眠期浅的中早熟品种，品种本身应具备丰产性好，品质优良，抗逆性强；早春大拱棚栽培的原则上选休眠期稍长的中晚熟品种，要求品种的丰产性要好，品质优良，贮运性好，主要有卡尔特一号、艾尔桑塔、宝交早生、达思罗、全明星等；露地及地膜栽培品种的选择原则上与春棚相同。三是根据运销方式来选择品种。鲜果长距离运输，应选果实硬度好的品种，如西班牙系列品种等；若产销地距离近，如城市近郊区，可发展一些果实硬度虽不高但其他经济性状优良的品种，如章姬等日本系列品种。

根据上述品种选择标准和原则，主要介绍一下日光温室适宜栽培的品种。

09-1，是通辽市农业技术推广站经过多年的引种试验研究成功的一个优良品种。经多点试验示范，该品种的脱毒苗综合性状表现良好。该品种是日本品种，叶片比一般草莓大，呈浓绿色，它的一次果、二次果、三次果都非常整齐，非常均匀，果实硬度中耐贮运，外观诱人，风味浓，含糖量高、口感好、结果早，抗病性强、易管理、产量高等特点，12 月中下旬至次年 5 月上中旬可连续结果，尤其适合冬春大棚栽培，是供应元旦、春节市场的较佳新鲜水果，同时适合冬季观光采摘，弥补了北方地区冬季新鲜水果短缺的空白。其产量和效益可比一般品种高 30%～50%，由于该品种栽培管理容易，市场前景好，经济效益高，是近年来冬春温室草莓栽培的重点。

## 二、日光温室草莓栽培技术

### 1. 土壤准备

首先，要进行整地，彻底清除杂草、残根落叶，施足施好有机肥，要求所施有机肥必须腐熟，几种有机肥相互配合效果更好。每亩施充分腐熟有机肥 6000 千克，盛夏时利用太阳能进行高温土壤消毒，将腐熟有机肥均匀平铺后，浅耕翻 20～25 厘米，使其与土壤充分混合。整平，耙细、起垄，整至垄宽 1 米，垄高 30 厘米，垄距 25 厘米。

### 2. 定植的时间和方法

一般 8 月底 9 月初，选择早晚或者阴雨天定植，栽植深度要使苗的基部与土面齐平，做到深不埋心，浅不露根，并使根系舒展。栽植时使苗弓背向外，这样花序抽生方向将在畦两侧利于疏花和果实采摘，畦上栽两行，开穴定植，株距 15～20 厘米，行距 20～25 厘米。每亩定植 8000 株为宜。栽前浇透水，待水完全渗透后在栽苗，栽后在浇透水，这样有利于草莓苗子的成活。提高草莓成活率的小妙招如下。

### (1) 假　植

购回的脱毒苗在温室内进行假植，假植的方法是在温室内挑选土壤条件好的土壤，假植畦宽 1～1.5 米，假植株行距以 15 厘米×15 厘米左右为宜。在畦内挖一条沟，将脱毒草莓逐株挨紧放在沟里，根部盖上土，并且要求浅不露根，深不埋心。移栽后立即灌水，并在 3～4 天每天都要浇一次或喷一次水，以保持土壤湿度。并在草莓苗外覆盖遮阳网，一般假植的时间为 30～60 天，假植苗存活后，要及时摘除老叶、黄叶和病叶。摘叶有利于促进根系的发育和根茎的增粗，提高成活率。

**（2）适时遮阴**

定植后覆盖遮阳网，这样有利于提高草莓的成活率。

**（3）水分管理**

栽后数日内应及时浇水，始终保持土壤表面的湿润状态，但不要大水漫灌。浇水一般在傍晚或早晨进行。这样有利于草莓成活。

**3. 定植后的管理**

**（1）中　耕**

草莓成活返青后，要及时浅中耕，改善土壤通透性，促进根系长。因定植缓苗期间根系未扎牢固，所以松土要浅，根系周围不松土，以免碰伤植株和根系。以后每次浇水后表土似干未干时要及时松土，以防止土壤水分迅速蒸发和造成土壤板结不透气。由于土壤湿润，杂草生长很快，在中耕时除去田间杂草。

**（2）及时补苗**

对草莓地中的缺株，应及时做好补植工作，补植苗应选择以假植后的粗壮苗为佳，补苗时间一般在定植后 7 天左右就能看出，及早补苗是丰产的关键。

**（3）及时施肥**

如果缓苗后草莓苗弱，可施液体有机肥，如果苗子长势健壮则不施以防止徒长延迟花芽分化。

**（4）及时摘除病叶和匍匐茎**

老弱病叶影响茎的膨大，也易诱发病害，因此缓苗后应及时摘除老的枯叶。为减少植株营养的消耗，也应及时摘除匍匐茎。

**（5）扣塑料及铺地膜的时间**

从草莓生长发育规律看，北方地区由于定植时间早加之低温短日照来得早，花芽形成也早，原则上应早扣棚加温。

通辽地区一般栽培品种在 10 月中旬即可开始扣棚加温，扣膜完成后，应及时整理植株，除去病、老、残叶，中耕、抚垄。安装滴灌设施，覆盖黑色地膜。然后破膜引苗，在草莓植株正上方用刀片划一小孔，把草莓植株用手保护好，轻轻提出膜外。

### 4. 植株生长期管理

**（1）温度调节**

不同生育时期对温度的要求如下。保温初期：为促进花芽发育，应给予较高的温度，白天 28～30℃，最高不超过 35℃，夜间 12～15℃，最低不低于 8℃。现蕾开花期：白天 25～28℃，夜间 8～10℃。果实膨大成熟期：温度掌握低些果实大，成熟推迟；温度高时成熟早，但果实小。一般白天 20～25℃，夜间 6～8℃。

**（2）湿度调节**

一般情况下，每日中午前后要放风，放风时间长短又要顾及温度变化，把温、湿度同时考虑确定。阴雪天室内湿度更大，需排湿，但此时更需保温，也要在中午进行短时放风。一般掌握开花授粉期湿度为 40%～60%，其他时间在 80% 以下为好。

**（3）水肥管理**

草莓为喜水肥作物。在扣棚保温以后，室内温度升高，土壤和植株蒸发和蒸腾量很大，容易缺水，必须及时补充。应该始终保持湿润，但是不易大水漫灌，应该小水勤浇，在早上进棚时草莓的叶子有吐水现象时表明草莓不缺水。

**（4）植株管理**

疏花蕾摘除畸形果：随植株的旺盛生长，会产生许多侧芽，消耗营养过多要及早掰掉。一般除主芽外，再保留 2～3 个健壮的侧芽，其余生于植株最外侧的小侧芽全部摘除。株丛下部抽生的细弱花序应及时摘除，并应及时地摘除畸形果。一般第一花序保留 12 个果左右，第二花序保留 7 个左右。

摘除老叶病叶：草莓一年中新叶不断发生，老叶具有形成较多抑制花芽分化的物质，所以要适当摘除下部老叶、病叶，创造良好的通风透光条件。

摘除葡匐茎：葡匐茎消耗母株营养，影响花芽分化应及时摘除。根据栽植制度和栽植方式不同，对葡匐茎处理也不同，但都要及时将多余的葡匐茎摘除。

**（5）授　粉**

温室内草莓开花期往往由于低温、湿度过大和日照不足等原因，使花药散粉和授粉受到严重影响，最好的办法是室内养蜂。一般每栋温室放养蜜蜂 1 箱即可。养蜂时要调节好温、湿度，使传粉顺利进行。室温控制在 15～25℃。养蜂要在花前 7～10 天开始。蜂移入前 10～15 天要喷药彻底防治病虫害，放蜂后不再打药。

### 5. 病虫害的防治

草莓的主要害虫有地老虎、红蜘蛛、蚜虫等，地老虎可在清晨扒开土进行人工捕捉，红蜘蛛、蚜虫等可用百草一号 1000 倍液、硫黄胶悬剂 800 倍液防治，同时使用黄板粘纸诱杀蚜虫和果蝇，效果也很理想。

### 6. 适时采收

温室内的草莓以鲜食为主，所以应该等草莓变成红色才可以采收，冬季和早春的温度比较低，所以应该在早晨或者下午采摘进行。不摘露水果和晒热果，以免腐烂变质。采摘时要轻拿、轻摘、轻放，不要损伤花萼，同时要分级盛放并包装。

（第十章书稿由刁亚娟提供）

# 第十一章
## 小番茄碧娇栽培法

## 一、品种介绍

详见下表。

表　品种介绍

| 品种 | 果型 | 停心性 | 果色 | 糖度 | 单果重（克） | 贮运 | 裂果 | 备注 |
|------|------|--------|------|------|--------------|------|------|------|
| 碧娇 | 大枣形 | 半停心 | 桃红色 | 10度 | 19 | 中 | 少 | 环境不良时长势弱，自封顶。注意水分管理。 |

## 二、栽培方式

以保护地为主及露地栽培。

## 三、栽培管理技术

### 1. 育　苗

小番茄种子的千粒重为 1.4～1.8 克。优良的幼苗对早期产量有决定性的影响，因在育苗期间，第一花序至第三花序的花芽分化已开始进行，如幼苗遭受病害或营养失调，均会影响其发育，目前育苗的重点为防治番茄卷叶病毒，育苗期应用防虫网或黄板，隔绝消灭蚜虫、白粉虱的入侵，以杜绝其传播病毒，苗长至四片叶及定植前二天，应使用叶肥（叶绿精）。适当的定植苗龄为四至六叶。

### 2. 定　植

小番茄依其种植时期，种植地区及整枝方法不同，种植密度也不同。保护地大棚一年栽培两茬：秋茬 6 月下旬至 7 月中旬播种（苗龄 30 天左右），春茬 1 月下旬至 2 月中旬播种（苗龄 60 天左右，遇温度低时育苗时间会延长）；露地栽培一年一茬：2 月播种（苗龄 50 天左右）。株行距（45～50 厘米）×（双行）（140～160 厘米）

### 3. 整枝方式

①常以双秆整枝为主，双秆整枝只留下第一花序下的侧枝为第二主秆，其

他侧芽则全部去除，每一主秆的二至三个花序必须摘除侧芽，以防枝叶过度旺盛，第三花序之后可放任栽培。露地栽培可进行多蔓整枝，在生育初期摘除侧芽，当各主蔓形成后再放任栽培。其特点是：株高 150～240 厘米，相对无限生长品种生育期短，果实采收期集中。适合一年两茬、顶部高度在 2.5 米以下的保护地栽培。②单秆整枝，注意一定要始终保持留有 2 个生长点，当出现第三个芽时及时根据长势情况，再进行抹除。

## 4. 水肥管理

番茄为茄科作物中根系较深的作物，根系可深达 120～150 厘米，而茄子及甜椒根系则只达 120 厘米左右，其理想的土壤为土层深厚，排水良好的沙质土壤，番茄忌连作，可和水稻、豆类、玉米等轮作，尤其曾发生番茄青枯病和酸性较强的土地更需要特别注意。保护地内应充分进行土壤消毒，防止病害严重发生。

整地要求深翻 20～30 厘米，土壤细碎，并可视土壤酸碱度加入 50～100 千克的石灰，在容易缺硼的地区，还应适量施入一定的硼砂，每亩施用量以不超过 1.5 千克为宜。长期果菜类的栽培需要大量的有机肥，基肥的施入量 10000～15000 千克/亩，复合肥 30～40 千克/亩，磷钾肥 15～25 千克/亩，基肥施肥方法为：施肥前先在畦面中央挖一条深沟，然后均匀施入沟中，再耧平畦面。或均匀撒施，然后结合深翻也可。

追肥的使用相当重要，番茄定植后一个月内干物质的积累相当慢，所以第一次的追肥一般都在定植后 20～30 天施用，追肥以复合肥料为主，配合灌溉，施肥前一天灌水，以利施肥后肥料容易溶解吸收，且施用量可较小，其后的追肥则保持定量，每隔三星期施用一次。但有的地区是采收一次果，浇一次水追一次肥。

番茄对缺硼及缺钙的反应极为敏感，硼为微量元素，使用过量会造成毒害作用，目前建议硼砂 1 千克左右/亩作基肥撒布。钙肥的吸收受根系及其他营养元素的影响，如氮肥过量往往会引起缺钙的果顶腐烂病。如番茄植株浸水超过 24 小时，根系受伤也会影响钙肥的吸收。如果栽培期发现果实产生缺钙或缺硼的病症，可用叶面施肥的方式补充，使用的浓度为 0.5% 的氯化钙或硼砂水溶液。

## 5. 病虫害防治

小果番茄春夏季的主要病害为幼苗疫病，青枯病。近年来，由于白粉虱、蚜虫的为害，番茄病毒病成为重要病害。可以利用黄板进行诱杀。各种病虫害的病症及防治方法下面介绍。

## 四、主要病虫害

### 1. 病毒病

主要病症出现在叶片上，一般为嵌纹病症，叶片呈现黄绿不匀的现象，偶有坏疽条斑或水浸斑。叶片受害后，表面凹凸不平，萎缩或畸形，新叶颜色淡黄，叶片缩小或变细，有如细绳状，植株矮小，受害严重者生长停顿，甚至于枯死。

防治方法：①选种健康种苗；②发现病株应及早拔除；③防治媒介昆虫；④避免机械传播；⑤喷施抗病毒药物。

### 2. 青枯病

青枯病为细菌性维管束病害，高温、多湿环境宜发病。土壤为主要感染源，土壤中病原细菌由根部伤口侵入植株，发病初期下部叶的叶柄先呈现下垂，而后叶片逐渐凋萎，同时茎部也常出现不定根。青绿的植株快速凋萎而渐枯死为其典型病症。横切被害茎，可见维管束褐色，以手挤压有乳白色黏性的菌液溢出。如切取被害茎部放入盛有清水透明玻璃杯中，经数分钟后，大量病原细菌由切口流入水中呈乳白色烟雾状，可精确诊断青枯病，并可与引起相似凋萎、维管束褐变的其他真菌性病害区别。除根传播外，附着土壤的鞋及农具也可传播病原菌。

防治方法：①栽培抗病品种；②使用健康移植苗；③土壤施用青枯病杀菌剂；④注意田间卫生；⑤晒田。

### 3. 细菌性角斑病

病原细菌为害叶片造成叶片干枯，亦可为害果实、叶柄、茎及花序。初期在叶片引起水浸状小斑点，随后逐渐扩大为不规则圆形病斑，颜色由黄绿变为深褐色。茎部呈灰到黑色。呈疮痂状。中央凹陷且边缘稍有隆起。

防治方法：①本病害可经种子带菌传播。故需用健康种子种苗；②施用农用链霉素等杀细菌药物，采收前 7 天停止施药。

### 4. 晚疫病

晚疫病主要发病于低温、多湿的环境，本病原可为害叶片、叶柄、茎、花序及果实。被害部初期呈暗绿色水浸状斑点，在多湿环境下快速扩展，于病原菌菌丝及游走子囊。果实被害后，初期呈灰绿色水浸状斑点，逐渐扩大至半个果实后呈褐色坚硬之波浪纹状，潮湿环境下于果实上产生白色微状物，但不软腐。

防治方法：加强发病适期（低温且多湿）的防治工作，可施用药剂75%百菌清可湿性粉剂600倍液、58%雷多米尔可湿性粉剂400倍液、80%代森锰锌。须遵守安全采收期。

### 5. 幼苗疫病

幼苗疫病于高温多湿环境下容易发生。它主要为害幼苗地际或地际部以上的茎部，初期呈淡褐色至暗褐色之缢缩病症，后期呈夭折状而枯死。游走子囊或释放的游走子囊随灌溉水或雨水传播。被害未死之苗移植后生长受阻，一般田间植株不受害。

### 6. 早疫病

早疫病初期感染叶片呈暗褐色至黑色水浸状小斑点，后逐渐扩大成革质化轮状斑点，周围有黄色晕环，老叶被害严重时，多数病斑愈合而引起落叶。茎部被害则造侧枝掉落，果实被害呈暗褐色凹陷纹状病斑，果实上半部被害居多而造成腐烂。

防治方法：①注意田间卫生；②于发病初期在施用86%氢氧化铜可湿性粉剂800倍液，81.8%嘉剔铜可湿性粉剂1000倍液，37.5%氢氧化铜水悬剂400～800倍液防治，须遵守安全秋收期。

### 7. 根结线虫

根部遭受根结线虫为害后根尖萎缩，患病组织分化成肿瘤状，后期根系腐败，地上部分生育不良，黄化凋萎、叶片数减少，叶小卷曲、结果不良甚至枯死。

防治方法：①避免根结线虫传入；②翻地前用北农爱福丁1号喷洒地面；③定植后用北农爱福丁1号灌根。

### 8. 白粉虱

白粉虱周年发生，繁殖力强，寄生植物广，成虫在番茄叶背产卵传播病毒病等其他病害。

防治方法：①使用黄色粘板或水盘诱杀成虫；②不可使用过量氮肥，避免植株生长过盛、通风不良；③用药物防治，须遵守安全采收期。

### 9. 斑潜蝇

斑潜蝇年发生20代左右，成虫以产卵管刺破叶背组织吸吮汁液或在叶组织内潜食叶肉。

防治方法：①使用黄色粘板或水盘诱杀成虫；②用一些普通的杀虫剂防治。

## 五、采  收

小番茄碧娇采收以果实红熟且硬度高时采收，采收时一般都留有果柄或成穗采收、果实糖度在 8°～10°，高品质的能达到 11°～12°，夏季应提早采收，避免落果或裂果造成损失。

# 第十二章

# 大棚韭菜栽培管理技术

# · 第一年播种管理 ·

## 一、品种选择

要选抗病、高产、品质佳的品种。如"马莲""铁坨"等。但不论什么品种，一定是头一年新采收的种子。

## 二、播种时间

在温度允许的条件下早播比较好，最适宜播种时间是 5 月 1—31 日。

## 三、播前准备

### 1. 整地做畦

清除上茬的残枝落叶及杂草，深翻细耙、耧平，按 6 米×1.3 米做畦一个棚规划设计，40～50 个畦，也可按棚体大小因地制宜规划，但韭菜棚不能太大，太大影响生产管理。

### 2. 整地施肥施药

畦做好耧平后，每畦施硫酸钾复合肥 500 克、硫酸钾 200 克，辛硫磷颗粒剂 150 克，深翻耧平待播。

## 四、播种方法

按畦面定做 24 厘米宽开沟钉耙，24 厘米宽播种器，每畦开 4 个 24 厘米宽播种沟，用播种器播种，每畦用种量 45～50 克为宜，播种后踩实底格子，用大钉耙耧平，压实畦面即可。

## 五、播种后的管理

播种后即可浇水，要浇足浇透，以后浇水见干见湿，一般浇 3～4 次水即可出齐苗。

## 六、除草剂的使用

为了防止韭菜畦的杂草生长，浇完第一遍水后必须及时喷除草剂。

## 七、水肥管理及虫害防治

韭菜出齐后不能干旱，可根据土壤墒情和天气情况适当浇水。当韭菜长到15～20厘米高时开始每隔15天左右用辛硫磷或氯氰菊酯防虫一次，9月上旬结合浇水追一次壮苗肥，每畦追硫酸钾复合肥500克。

## 八、建大棚拱架

竹木结构大棚土壤封冻前根据规划设计好的棚体大小埋好大棚立柱、地锚，第二年1月20日前安装好棚架。钢筋结构大棚土壤封冻前根据规划设计好的棚体大小埋好地锚，第二年1月20日前焊接安装好棚架。

# · 第二年生产管理 ·

## 一、适时抢韭菜毛、施农肥

通辽地区11月20日左右当韭菜畦面冻层2～3厘米厚及时用铁锹把韭菜畦面的干韭菜毛清理干净（以不破冻层为准），随即把提前准备好的腐熟农家肥撒施畦面（未腐熟的农肥绝对不允许施），腐熟的羊粪对韭菜生长最好，施农家肥的标准最好平铺畦面，厚度2～3厘米。

## 二、适时扣韭菜棚膜

为了使大棚韭菜提早返青采收上市，第二年立春前（2月4日）必须把韭菜棚膜扣完，如果韭菜棚太多，可在立春前后合理安排扣棚膜，做到早扣棚、早返青、早上市，提高效益。

## 三、合理施肥和使用农药

扣完棚膜，待畦面农肥解冻后，及时按 1.3 米×6 米畦施硫酸钾复合肥 500 克、硫酸钾 250 克、辛硫磷 150 克，撒施畦面，然后用钉耙搂平即可（即每延长米施复合肥 90 克、钾肥 40 克、辛硫磷 25 克）。

## 四、合理浇水及时铺地膜

当施完化肥农药搂完畦面后，及时浇第一遍大水，当韭菜畦中间韭菜拱包露头，畦面见干，浇第二遍大水。浇二遍水后，为了韭菜长势均匀，须及时用 1.2 米地膜把畦头两边盖上，提高畦头温度。采收前 1~2 天，为提高产量，浇第三遍水。

## 五、合理放风

扣完棚膜后，不论是马莲还是铁砣韭菜，在割头刀韭菜前不用放风，割完头刀后，在棚的一边揭开 15 厘米高放风，固定好昼夜不闭，东西走向的棚揭南面放风，南北走向的棚揭东面放风，以防风大刮倒二刀韭菜。

## 六、韭菜草害、虫害防治方法

老根韭菜割完二刀后，小根韭菜割完头刀后，2~3 天及时喷施田补防杂草，即 200 毫升施田补兑水 50 千克，均匀喷施畦面及畦埂，200 毫升施田补可供 0.8~1 亩韭菜畦。当韭菜长到 10 厘米高时，再施一遍辛硫磷杀虫剂防蛆（每延长米施药 25 克，一亩地 12 千克，兑水喷施或灌施），当韭菜长到 20 厘米高时，及时用氯氰菊酯或辛硫磷或速灭杀兑水喷施韭菜，防钻心虫。以后每隔 15 天必喷一次防虫药剂，而且要做到交替用药，如果不坚持半月用一次药，就防不住钻心虫的为害，造成次年韭菜产量和质量大幅下降。

## 七、韭菜病害防治方法

### 1. 韭菜疫病

发病初期可选用 50%甲霜铜可湿性粉剂 600 倍液、58%甲霜灵·锰锌或 64%杀毒矾可湿性粉剂 400 倍液、72.2%普力克水剂 800 倍液、40%乙磷铝可湿性粉剂 250 倍液防治。

### 2. 韭菜灰霉病

发病初期每亩用 250 克 10%速克灵烟剂在傍晚时熏，每 10 天 1 次连续 2~3 次。也可在发病初期用 50%多菌灵或 70%甲基托布津可湿性粉剂 500 倍液、50%速克灵可湿性粉剂或 50%普海因可湿性粉剂 1000 倍液防治。

## 八、合理收获韭菜

为了延长韭菜的寿命，提高韭菜的产量，老根韭菜（二年生以上）一年只能在春季收获两刀；小根韭菜（一年生）头一年只能收获一刀，以后一年都是养根。另外注意韭菜收获的时间一定要在早晨、晚上或夜间进行，否则影响产品质量。

# 第十三章

# 大棚香瓜栽培技术

## 一、品种选择

要选择抗病高产适合本地气候条件、市场销售好的品种。如：金冠、金抗、金妃、金福源等品种。

## 二、播种育苗

### 1. 苗龄及育苗时间

香瓜苗龄不宜过长，一般 30～35 天为好，要根据自己的育苗设施条件确定育苗时间，大棚内地膜加拱膜栽培的育苗播种时间为 3 月 10—12 日，地膜栽培的育苗播种时间为 3 月 18—20 日。

### 2. 播种前的准备

每亩大棚提前准备好营养土 1.25 立方米，最佳营养土配方是充分腐熟陈马粪 1/3，充分腐熟土粪 1/3，肥沃的大田表土 1/3。或者充分腐熟的猪粪 1/2，肥沃的大田表土 1/2，过筛拌匀即可。生粪、鸡粪、羊粪育苗时禁用，各种化肥及育苗添加剂尽量不用，以防用不好出现烧根及各种肥害。每亩大棚准备好 8 厘米×8 厘米的营养钵 5500～6000 个。必须播前 5～7 天装好营养钵，并用地膜盖好提温保墒待播。

### 3. 浸种催芽

浸种前两天要把种子从袋子里倒出来放到报纸上，然后再放到炕上能见到太阳光线的地方，浸种时先用凉水把种子放盆里浸泡 10 分钟后，把凉水倒净，直接注入 55℃水，边倒边用木棒不停地搅拌，直至水温降到 30℃ 为止，继续浸泡 4 个小时，然后把水倒净装入纱布袋里，在炕头先放一个垫，然后把种子袋放在小垫上，在种子袋上盖一个棉被，种子袋上放一个温度计，使种子温度控制在 25～30℃，10 小时后见种子干用 30℃水投洗一次，直至种子露白尖为止，如果这个时候播不上种，必须把露白尖种袋用塑料袋包好拿到凉爽的地方，温度控制在 10℃ 左右，可推迟 2～3 天播种。

### 4. 播种方法

最好用 30℃温水浇足营养钵底水，然后用多菌灵或普力克 500～600 倍液灭菌杀毒，然后把露白尖的瓜籽平摆在营养钵中间，轻轻按一下，种子上盖1～1.5 厘米的潮湿营养土，覆土一定要均匀一致，然后平铺地膜，扣小拱棚或增设火炉以利于出苗。

### 5. 播种后的管理

温度管理，白天控制在 25～30℃，夜间控制在 15～18℃，如果温度不够，可加覆盖物或增设火炉，以利出苗。当 70% 左右破土出苗时，必须及时揭去平铺的地膜，以防徒长。苗出齐后，要及时把温度降低 2～3℃，控制在 25～28℃为好，并及时用普力克或噁霉灵对小苗喷雾防病，喷药一定要均匀周到，5～7 天一次，防止猝倒病的发生，需用药两次，两种药要交替使用。播种后不特殊干旱不要轻易浇水，做到见干见湿；如果需要浇水也一定要选在晴天上午。当瓜苗子叶长足露出真叶时白天温度最好控制在 28～30℃，夜间控制在 10℃以上。为了增加瓜码，防止空秧，二叶一心、四叶一心时各打一遍增瓜灵，此时要及时喷施百菌清或阿米西达，防止各种病害的发生。

## 三、定　植

### 1. 定植时间的确定

定植应本着在温度允许的前提下，越早越好，效益才能最高。因此掌握好定植时间很重要，定植时间必须抢在冷尾暖头，棚内 10 厘米地温连续 7 天稳定在 12℃以上方可定植。通辽地区大棚内地膜起拱吊膜栽培定植时间 4 月 10 日左右为宜，地膜栽培定植 4 月 20 日左右为宜。

### 2. 定植前的准备

#### (1) 提早扣棚膜

提早扣棚膜也是香瓜生产中的重要环节，只有扣膜早，才能定植早，采收才能早，才能达到最高效益。因此必须做到提前 1 个月扣膜，地膜定植栽培 3 月 10—15 日扣完棚膜，地膜起拱吊膜栽培的 3 月 1—5 日扣完棚膜。

#### (2) 提早整地施肥

整地施肥应本着尽量提早的原则，清除残枝病叶杂草，亩施农肥 7～10 立方米，三元素复合肥 50 千克，辛硫磷颗粒剂 1～1.5 千克，深耕细耙。

#### (3) 提早做畦，铺滴灌，铺地膜

香瓜生产做畦也要本着尽量提早的原则（3～5 天）为好，畦向最好是顺棚方向做畦，畦宽 1 米，起拱后做成高畦，底宽 75～80 厘米，上宽 60 厘米，畦高 15～20 厘米，沟宽 20～25 厘米。搂平畦面，在畦田中间顺畦用小镐开 3～4 厘米深沟，顺沟铺滴灌带并连接好，以 80 米棚为例，采用分两段浇水，

横向铺设两个直径9～10厘米的主管道，两个主管道最好一并设在棚中部。如果地势不平，分段后俩主管道分别设在地势高一侧。安泵试水，看滴灌带连接点是否完好，出水是否与畦面均匀对称。调好后铺膜，膜要拉紧，膜边要压实。

### 3. 定植方法

用打眼器在滴灌袋两侧15厘米左右处分别打两行孔。深度与苗坨高相同为宜，株距25～27厘米，亩栽5000～5300株，每亩掩施生物钾1.5千克、硫酸钾15千克，去钵栽苗，采用浇掩水结合滴灌浇足定植水，待水渗后封好掩土。

## 四、定植后管理事项

### 1. 定植后水分管理

定植时一定要采用浇掩结合滴灌浇足定植水。7～10天选择晴天上午及时浇缓苗水，伸蔓开花期不特殊干旱不轻易浇水，特殊干旱也要利用滴灌浇小水（依干旱情况用滴灌浇10～20分钟）。当每株坐住3～4个蛋黄大小瓜时，开始浇第一遍催瓜水，每亩大棚，依水泵大小，大约用滴灌浇水3～4小时，（以封掩土浇湿为宜）。隔3～4天用滴灌浇第二遍催瓜水，每亩棚浇2小时左右，直至采收，不特殊干旱不浇水，如果特殊干旱，浇水也只能依情况用滴灌浇10～15分钟。

### 2. 定植后的温度管理

香瓜是喜光耐热作物，生长适温25～32℃，40℃高温能正常生长不受温害。因此，定植后整个香瓜生长期（除了采收期）最好把温度控制在白天25～32℃，夜间控制在15～18℃，生长快，开花早，膨果快，采收早。因此，定植后7天内为了促进缓苗，不超过35℃不放风，超过35℃也要放小风，防止高温烧苗。缓苗后，晴天25℃开始放小风，中午要把放风口加大，尽量把温度控制在28～32℃，下午当棚内温度达到20℃时及时关闭放风口，阴天一定依棚内湿度大小而定，上午要早放风1～2小时，通风排湿，然后要及时关放风口。

### 3. 整枝方法

整枝要本着打早打小，前紧后松的原则。四叶一心留四叶及时摘心。四条子蔓及时定蔓，保留三条壮子蔓，子蔓四叶内有1～2朵雌花，留四片真叶摘心。如果发现四片真叶内没有雌花，必须及时果断留两片叶掐大尖。然后在此子蔓留一条壮孙蔓做结果枝，四片真叶及时摘心，每条结果枝在 1～2 个瓜前留一条壮孙蔓做营养枝，3～4 片叶及时摘心，防止跑秧化瓜。

### 4. 香瓜保花保果技术

为了提高产量，提早采收防止化瓜，必须及时采用药剂喷花或点花，当天的花必须当天喷或点，否则影响坐果率。可使用的配方是南通产防落素 2.5 毫升，鞍山产坐果胶囊 1 粒，对水 0.5 千克，及时喷花或用注射器点花，药液最好随配随用（最多不超过两天），喷花或点花的药滴以高粱粒大小最佳，以防出现化瓜或畸形瓜。

### 5. 定瓜、膨果、追肥技术

当香瓜每颗秧坐住 3～4 个瓜时，最小像鸡蛋黄大小时，必须及时定瓜摘除畸形瓜，上午随浇膨果水，利用滴灌追肥，每亩追钾宝 5～8 千克或三元素硫酸钾复合肥 20～25 千克（提前 5 天把复合肥泡好澄清水备用）；16:00 喷膨果药，也就是每亩用鞍山产保丰灵膨大胶囊 2 粒，上海产磷酸二氢钾 75 克，对水 22.5～25 千克，叶面喷洒，3～4 天后，结合第二遍催瓜水，用鞍山产保丰灵膨大胶囊 3 粒、上海产磷酸二氢钾 1.5 两，对水 22.5～25 千克，叶面喷洒，膨果期必须喷 2～3 遍，如果用美丰达、美佳丰磷酸二氢钾效果更好。

## 五、病虫害防治

### 1. 病害防治

主要是香瓜霜霉病、炭疽病、白粉病等。应本着预防为主，治疗为辅，综合防治的原则，加强棚内温湿度管理，合理浇水，合理放风，创造一个香瓜生长的良好环境，尽量不让香瓜叶片夜间结露或少结露，而且必须做到整个生长期间 7～10 天用百菌清烟剂，杀毒矾烟剂或阿米西达，乙磷猛锌粉剂、粉锈宁粉剂交替使用，一旦发现病株，要对症下药，打药一定要均匀周到，整株喷洒，喷药方法是以叶背为主，叶面为辅的原则，打药的时间一定要在上午 9 点以前，下午 4 点以后，避开高温。

### 2. 虫害防治

主要是蚜虫、白粉虱等害虫。可用黄板诱杀法，将诱杀板插在行间，利用蚜虫、白粉虱对黄色的趋性，将蚜虫、白粉虱粘在诱杀板上，达到消灭蚜虫的目的。药剂防治可选用 50%辟蚜雾超微可湿性粉剂 2000 倍液或 20%灭多威乳油 1500 倍液、50%蚜松乳油 1000 倍液、80%敌敌畏乳油 1000 倍液防治。

## 六、采　收

香瓜进入到采收期，也就意味着香瓜的大小已长足，到了转色成熟阶段，采收前 7～10 天停止浇水，不特殊干旱不浇水，如果特殊干旱出现倒秧、香瓜裸露一定要及时利用滴灌浇水 10～15 分钟，防止出现皮球子瓜、水瓢瓜、裂瓜。八至九成熟瓜必须及时采收。

# 第十四章
# 地膜圆葱套种葵花栽培技术

圆葱栽培在科左中旗架玛吐镇已有十几年的历史，目前圆葱生产已成为该镇发展农村经济的重要产业。前几年，圆葱收获后下茬大部分放弃闲置，只有少部分在畦埂套种些白菜、萝卜，但经济效益很不稳定，有的年份有产量而无效益。有的农户也曾套种过黄豆、红干椒等经济作物，但也是种早了影响圆葱，种晚了产量低，效益不理想。为此，我们从 2004 年开始进行圆葱套种葵花试验，从葵花品种选择到最佳播期确定，我们摸索出了一套圆葱套种葵花的栽培管理技术模式。

## 一、圆葱栽培

### 1. 播种育苗

2 月初在温室内平整土地，做成 1 米宽畦田，每平方米施复合肥 50 克，浅翻 15 厘米左右耧平待播。2 月 5 日左右先浇透水，人工撒播种子每平方米红皮葱播 8 克，黄皮葱播 10 克，播后将种子拍入泥中，覆土 1 厘米，畦面撒毒谷后盖地膜保温保湿。80% 出苗后撤掉地膜，室温要控制在 30℃以下。

### 2. 苗期管理

**（1）浇　水**

圆葱根系浅，应经常保持土壤湿润，苗出齐后浇一水，以后 10 天左右浇一水，每次浇水要选晴天上午进行，栽前 7～10 天通风控水炼苗。

**（2）追　肥**

圆葱苗 2 叶 1 心时结合浇水亩追尿素 6 千克或硫铵 13 千克，隔 20 天后结合浇水亩追尿素 10 千克或硫铵 23 千克，还可结合病虫防治叶面喷肥 2～3 次。

**（3）防　虫**

每次浇水后都要及时防治蝼蛄，葱苗 2 叶 1 心时开始用爱福丁、威敌、绿菜宝等防治潜叶蝇等害虫，以后每隔 10 天左右防治一次。

**（4）防　病**

苗出齐后用敌克松、百菌清等喷雾防猝倒病等病害，中后期用普海因、速克灵等防治灰霉病等病害。

### 3. 起　苗

栽前 2～3 天起苗，每 200 株左右捆成一把，放在阴凉通风处准备栽植。也可边栽边起，最好是起前 3～5 天浇水，起苗时不要浇水。

### 4. 大田定植

#### (1) 整地、施肥、铺膜

4月上旬在秋翻或春耙的基础上做成 2 米宽的畦田，长根据地势而定，一般畦长 20~50 米。亩施优质腐熟灭虫农肥 2500 千克，高效复合肥 25 千克（未施农肥的另加二铵 15 千克），浅翻 10 厘米左右，每亩用 150 克氟乐灵或 125 克施田补加水 30 千克喷洒，畦面托平后平铺地膜，膜上撒少量细土。

#### (2) 栽前选苗

栽前严格选苗，大小苗分级，淘汰劣苗，栽前用敌百虫 800 倍液浸根 10 分钟灭虫。

#### (3) 栽　苗

4月中旬膜上扎眼栽苗，栽植深度 2 厘米左右，用土封好苗眼。栽植深度可灵活掌握，一般红皮葱 15 厘米×15 厘米，黄皮葱 15 厘米×13 厘米。

### 5. 田间管理

#### (1) 浇　水

栽后及时浇水，栽后 5~7 天浇缓苗水，浇缓苗水前查田补苗，以后根据天气情况 10 天左右浇一水，生长盛期 7 天左右浇一水。

#### (2) 追　肥

缓苗后叶面喷肥 3~5 次，15 千克水加 60 克磷酸二氢钾和 10 克云大 120 或其他生长素，7~10 天一次，也可结合防治病虫时进行。

栽后 20 天左右结合浇水亩追尿素 10 千克（或硫铵 20 千克或碳铵 30 千克）。

栽后 40 天左右结合浇水亩追尿素 5 千克（或硫铵 10 千克或碳铵 15 千克），复合肥 10 千克（化水施）。

栽后 60 天左右结合浇水亩追尿素 10 千克（或硫铵 20 千克或碳铵 30 千克），复合肥 15 千克（化水施）。

栽后 80 天左右结合浇水亩追尿素 10 千克（或硫铵 20 千克或碳铵 30 千克），复合肥 10 千克（化水施）。

#### (3) 防　虫

缓苗后用敌百虫、爱福丁、绿菜宝等农药防治潜叶蝇等害虫，以后每 10 天左右防治一次。

#### (4) 防　病

6月中旬开始用代森锰锌、葱菌净、百菌清等农药防治紫斑病、霜霉病；

6月下旬以后用病毒A、链霉素等防治病毒病、腐烂病。

## 二、圆葱套种葵花

### 1. 品　种
品种选用美葵 6009、SH7101 或油葵 NC208 等。

### 2. 播　种
6 月 24—26 日在畦埂两侧各种一行美葵 6009，或在 7 月 1—5 日在圆葱畦埂两侧各种一行油葵 NC208，株距 1.2 尺左右。

## 三、收　获

### 1. 圆葱收获
地上叶片 70%以上倒伏时开始收获，将葱头起出后放在田间晾晒 3～5 天，待葱叶全部干枯后分级编辫或剪枯叶（顶部剪口留 3 厘米），然后分级堆放（放在遮阴通风处）。

### 2. 葵花收获
适时收获，防止掉粒，收获时间一般在 10 月上中旬。为了保证质量，要及时脱粒、晾晒。

# 第十五章
## 洋葱套栽绿茄技术

开鲁县开鲁镇联合村，是以种植蔬菜为主的专业村，蔬菜面积 1400 亩，其中洋葱种植面积 800 亩左右，洋葱套栽绿茄面积占 70% 左右，洋葱平均亩产量达到 4000 千克，在洋葱收获前 10 天，套栽西安绿茄，绿茄平均亩产达到 2600 千克，两茬作物亩产值达到 1.278 万元左右，扣除种子、化肥、农药及其他生产费用，平均亩纯收入达到 11800 元左右，效益可观，洋葱套种绿茄为今后开鲁县发展特色种植、增加农民收入起到了典型示范功能。

# 一、洋葱栽培技术

### 1. 品种选择
福星（圣尼斯种业）。

### 2. 育苗时间
于前一年秋季 8 月中旬育苗，9 月 25 日左右起苗，挑出小苗、弱苗、病虫害苗后捆成 80~100 株左右的小捆，放背阴处用沙土培埋越冬。

### 3. 移栽前整地
要求选择肥力较好的中性园田土，机械旋耕 15~20 厘米深，平整后做畦，畦宽为 100 厘米。结合整地，平均亩施农家肥 3000 千克、磷酸二铵 30 千克充分混拌土壤中。

### 4. 覆膜后移栽
最佳移栽日期为 4 月 1 日—4 月 5 日。移栽前，浇透水人工覆盖地膜、用 20 厘米×13 厘米（行株距）打孔器打孔移栽，平均每亩移栽有效苗 26000 株。

### 5. 田间管理

**（1）水分管理**
由于洋葱为浅根系作物，当洋葱移栽缓苗后，应本着浅浇水的原则进行水分管理。

**（2）肥料供应**
全生育期内共追施肥三次，第一次在缓苗后 10~15 天、第二次在鳞茎初期、第三次在鳞茎膨大期，追肥品种以含有磷、钾元素的冲施专用肥为主，适当加碳酸氢铵，每次冲施专用肥 10~15 千克加碳酸氢铵 10 千克。进入鳞茎膨大期后，每隔 10 天左右，叶面喷施磷酸二氢钾 2~3 次，可有效保证叶片功能及补充肥料供应。

**（3）病虫害防治**

主要在 6 月末重点防治葱蝇的发生，可用 40%辛硫磷或 5%高效氯氰菊酯进行叶面及地面喷施；全生育期内蓟马发生频率最高，当发生时要随时进行防治，可用 1.8%阿维菌素 1500 倍液或 5%高效氯氰菊酯 1000 倍液喷雾、进入 6 月末及 7 月收获前，注意紫斑病、霜霉病的发生，发生时可用百菌清、雷多米尔等 800 倍液喷雾。

**（4）及时收获**

当绿茄苗套栽缓苗进行正常生长阶段，大概日期为 7 月 18—20 日，洋葱进入最佳收获期，应及时收获，及时晾晒，及时出售。

## 二、套栽绿茄栽培技术

### 1. 育　苗

茄苗在 5 月 15 日左右开始育苗，苗龄在 60 天左右。

### 2. 移栽

当洋葱假茎倒伏后，收获前 10 天左右，将茄苗移栽到洋葱畦内，亩移栽茄苗 3500 株左右，即每畦两行，株距 35 厘米。

### 3. 田间管理

洋葱收获后，正值茄苗进入旺盛生长期，同时门茄已出现，为此要保证水肥供应和病虫害防治。

**（1）水肥供应**

因此时正是每年气温最高阶段，也是茄苗生长旺盛阶段，更是水肥需求最高峰期，为此要充分保证水肥供应。

**（2）肥料运筹**

由于移栽时没有底肥施入，为此洋葱收获后，结合浇水，每亩追施复合肥 25 千克，当门茄采摘后，亩追施尿素 15～20 千克。

**（3）病虫害防治**

当蚜虫发生时，可用 10%吡虫啉 800 倍液喷雾、烟青虫、棉铃虫发生时，用 5%高效氯氰菊酯 1000 倍液防治。

黄萎病、枯萎病发生时，及时拔除病苗、带出田间处理；立秋后，及时防治绵疫病及早疫、晚疫病的发生，如发病可用 25%嘧菌酯悬浮剂 900 倍液或 10%苯醚甲环唑水分颗粒剂 600 倍液，或 53%精甲霜灵·锰锌水分散粒剂 500 倍液，每隔 7～10 天防治一次。

# 第十六章
# 通辽地区平菇栽培技术

随着生活水平的提高，人们在食品和蔬菜的选择上更注重食物的营养价值。科学研究发现，常吃食用菌对人体健康极为有益，可以起到强身健体，增强肌体免疫力的功效。如平菇、杏鲍菇、金针菇、木耳等均含有较高的营养成分。

近年来，我国食用菌产业快速发展，并保持良好的增长态势。种植食用菌以投资少、周期短、见效快的品种备受生产者青睐。目前，在我国农村地区，栽培平菇是老百姓脱贫致富的首选好项目。

通辽属于北方冷凉地区，玉米芯及其他农业废弃物资源丰富，适合种植平菇。平菇是一种栽培广泛、产量较高的食用菌，它口感好、营养高、市场前景十分广阔。

# 一、平菇概述

平菇属于担子菌亚门、层菌纲、伞菌目、侧耳科、侧耳属真菌。侧耳属的子实体菌盖多偏生于菌柄的一侧，菌褶延伸至菌柄，形似耳状而得名。侧耳属是一个大家族，共有 30 多种，有很多名优品种，除平菇外，还有阿魏菇、鲍鱼菇、杏鲍菇、凤尾菇、榆黄蘑、姬菇等。人们通常所说的平菇泛指侧耳属中许多品种，俗名冻菇、北风菇等。其中较著名的为糙皮侧耳、美味侧耳、紫孢侧耳、金顶侧耳等，普遍栽培的大多为糙皮侧耳。

平菇具有适应性强、抗逆性强、栽培技术简易、生产周期短、经济效益好等特点，已发展成为世界性栽培菇类。平菇是我国目前食用菌生产中生产量最大、发展最快、产量最高、分布最广的一个菌类。因为其栽培原料广泛（凡是含有木质素、纤维素的原料，如稻草、麦秆、木屑、棉籽壳、玉米芯、高粱壳等皆可以用来作为栽培平菇的原料），生物效率高（每 100 千克干料，经 50～60 天的培养，可生产 100～150 千克的鲜菇），资金回收快（成本低、出菇快、产量高）等特点，是目前推广栽培最多的菌类。

平菇肉质肥嫩，味道鲜美，营养丰富。含蛋白质 30.5%（其中粗蛋白 19.5%，纯蛋白 11.0%）是鸡蛋的 2.6 倍，避免了动物性食品的高脂肪、高胆固醇的副作用。所含氨基酸达 18 种之多，谷氨酸含量最多。此外，还含有大量维生素，其中维生素 C 的含量相当于番茄的 16 倍，尖椒的 1～3 倍。平菇能补脾健胃助消化，除湿邪，具有追风散寒、舒筋活络的功效，具有重要的保健作用。平菇已被联合国粮农组织（FAO）列为解决世界营养源问题的最重要的食用菌品种。

## 二、平菇普通栽培方式与管理技术

### 1. 平菇栽培方式

依栽培原料处理方式不同，可分为：①生料栽培：栽培原料不需灭菌直接装袋接种；②发酵料栽培：栽培原料不需灭菌，但经过建堆发酵后装袋接种；③熟料栽培：栽培原料经过灭菌后装袋接种。

依装料方式不同，主要有：①袋料栽培：将料装入塑料袋内进行培养；②畦床栽培：将栽培料铺成畦床状进行接种培养。

依出菇方式不同，主要有：①室内栽培：在室内将菌袋垛成菌墙进行出菇；②室外半地下土温室栽培：在室外大棚（外半地下土温室）将菌袋垛成菌墙进行出菇。但以半地下土温室栽培方式效果最好，也比较简单易行。这种方式，已被广大菇农普遍采用。半地下土温室内，昼夜温差比较大，菌丝体生理成熟以后很快就会在袋口内产生菇蕾，容易出菇，并且在低温季节栽培平菇，病虫为害轻，杂菌污染率低，高产稳产性能好，菇体盖大、肉厚、柄短、色泽好，质量高。平菇传统的栽培季节为春、秋两季，一般多为秋季8—10月进行栽培，因秋季栽培出菇时间较长，可延长到翌年春季。

### 2. 平菇生育期管理技术

#### （1）发菌管理

袋栽平菇在温室内具有保温性能好，发菌快等特点，但若管理不当，易造成杂菌感染和烧菌。所以说能否成功在发菌，产量高低在管理。因此搞好发菌期管理是取得稳产高产的重要基础。必须把菌袋放在20～25℃，空气湿度在65%～75%的条件下发菌。气温低时，菌袋可堆高5～7层；气温高时，可堆高2层或单个摆放。菌袋总体积应掌握在有效空间的20%左右。10天翻一次菌袋，翻袋时应注意把上下层翻到中间，中间的放到上下层，同时要将每个菌袋翻转180°。如菌袋内温度上升到35℃，则要及时翻袋，并同时打开门窗通风散热，以防烧菌。精心管理25～30天即可发好菌丝，其标准：一拍即响，菌丝浓白，手掰成块。

#### （2）出菇管理

将菌袋两头松开，适量通风，以供给菇蕾新鲜空气，并每天向地面、墙壁、空间喷少量雾状水，温度应保持在85%～90%。温度低时，子实体易干，损失料内水分，影响出菇产量。湿度过大，子实体易腐烂，喷水时切记不要直接喷洒在子实体上面。随着菇体的生长，要适当加大通风量。

### （3）提高产量有效技术

温差刺激法在平菇子实体形成阶段，每天给予7～12℃的温差刺激，可促使提早出菇，子实体发育整齐。方法是：白天盖膜保温，晴天傍晚或早晨揭膜露床，通过降温，加大温差，并结合高温浇水诱导出菇。

高湿刺激法先将菌床（或菌袋）敞开干燥1～2天，然后连续进行重喷水，使菌面上有大量的积水存在，让菌床（或菌块）慢慢吸收，每天喷水2～3次，连续2～3天，在此期间，一般可敞膜通风。菌床表层培养基含水量以手握有水滴下时为适宜，最后用棉布吸干料面上的积水，盖上地膜保温，几天后便可现蕾。采取高湿刺激法要具备两个条件：一是菌丝体必须吃透整个培养基，而且必须达到生理成熟，主要标志为吐黄水、结菌膜、菌丝体略呈黄褐色，甚至出现个别菇蕾；二是培养基结块要好，不能过于松散。

光照诱导法菇房种植平菇，子实体在形成时，需要一定的散射光。平菇播种后宜在黑暗条件下发菌，待菌丝发好后再暴光可诱导出菇。在缺少光照时，可用电灯代替，也有很好的刺激作用。

覆土出菇采完头潮菇后，清除老菌皮，脱去塑料袋，把菌袋切成两段，截面朝上放入深40厘米、宽100厘米、长度不限的坑内。菌块间的空隙用营养土填实，用1%的复合肥、1%的磷酸二氢钾、0.5%的尿素、97%的水配成营养液浇入菌块通气孔内，并浇透土壤，达到存水不渗为宜。然后盖上薄膜和草帘，保温保湿。菌丝恢复生长后，又可长出新菇蕾。采完二潮菇后，补充营养液和水分，盖薄膜和草帘，还可收3～4潮菇。玉米芯栽平菇生物转化率一般在150%以上。

### 3. 平菇病虫害防治

### （1）平菇常见杂菌

为害平菇的杂菌主要有绿霉、毛霉、曲霉、根霉、细菌、病毒病、细菌性褐斑病、黄斑病等。

绿霉是侵害食用菌最严重的一种杂菌，凡是适合食用菌生长的培养基，均适宜绿霉菌丝的生长。平菇在培养料中灭菌不严格、接种时消毒不严格、出菇期环境卫生差，均能产生绿霉。绿霉侵入到培养料和菌丝及菇体内严重时即报废。

防治方法：①培养基内水分控制在60%～65%，过高水分极易引发木霉；②保持环境清洁干燥，无废料和污染料堆积。保持出菇场所的卫生，菇棚保持通风，适当降低空气湿度，减少浇水次数，防止菌棒长期在高温环境下出菇，应干湿交替，菌棒应有较低的湿度环境养菌和转潮期；③及时采菇、摘除残菇、断根和病菇，清除污染菌棒。

**（2）平菇主要虫害**

平菇主要虫害有：多菌蚊（又称菇蚊或菇蛆）、瘿蚊、粪蚊、蚤蝇、果蝇、家蝇、食丝谷蛾、夜蛾、螨虫、线虫等。

它们主要在6—9月是繁殖的高峰期，在温度适宜情况下，卵期5～7天，幼虫期10～15天，它们在料中取食、产卵、孵化，繁殖率极强，对平菇生产为害极大。

防治方法：①清除周围杂草、垃圾，保持菇棚周围环境卫生；②清除废料，远离菇棚；③用菇虫净、阿维菌素、菇净、杀虫源、敌菇虫、高效氯氰菊酯喷洒或注射。

**4. 通辽地区玉米芯发酵料周年生产平菇技术**

**（1）原材料准备**

主料：玉米芯要求新鲜无霉变，加工成0.5～1毫米的颗粒。

辅料：麸皮、玉米面、化肥、生石灰，要求新鲜无霉变、无结块。

**（2）生产配方**

玉米芯500千克，麦麸50千克、玉米面25千克，二铵（或复合肥）5～7.5千克，石膏（或碳酸钙）15千克，石灰25千克。

**5. 发酵方法**

预湿。把玉米芯放在拌料场上面撒部分生石灰，浇水，翻堆，使料吸足水分，两天内使料含水量达65%～70%（紧握料指缝滴水2～3滴）。

建堆。化肥和总用量80%的石灰撒在料面，翻匀，堆成宽2米，高1米，长不限的梯形长堆，发酵（化肥在使用前要提前融化）。

翻堆。建堆后第三天开始翻堆检查水分，手握紧料手指缝有水1～2滴，如果料偏干，用石灰水调湿，使pH值达到7～9。准备温度计3支，当料温达65℃以上保持1天或两天翻堆，内外调位，堆上打洞，这样翻堆3～4次，总发酵时间7～10天即可装袋。

**6. 制袋方法**

散堆降温30℃以下装袋（如防虫可提前一天，用1桶水对甲醛1瓶敌敌畏或辛硫磷0.5千克，边喷边翻堆盖上塑料布闷一夜）。

用（22～26）厘米×（48～52）厘米的乙烯袋三层种，每层三块菌，中间菌块处用细钉打孔，再用12的钢筋顺袋扎3个大孔。

### 7. 发菌管理

菌丝生长温度范围 5～32℃，最适 25℃左右，所以保持袋内温度 20～28℃，避免杂菌污染造成损失，每 5 天翻堆一次，25 天左右菌丝长满袋。

### 8. 出菇管理

排袋。棚内排袋 4～8 层，两头出菇，预留 60～80 厘米走道。

棚温保持 8～22℃，适当通风，棚内走道浇水增湿，加大温差，促使子实体形成，10 天左右，子实体即可从打孔处长出，出菇后棚温保持 10～18℃，增大湿度，使菇体肥大，菇盖完全展开时及时采收。采收后清理料面，停止喷水 3 天后，加湿管理。5～7 天后第二茬菇即可长出，同样方法管理第三、第四茬菇，直至生产结束。

平菇传统的栽培季节在秋季制袋，出菇延续到第二年春季。近几年反季节平菇价格非常高，市场供不应求，有时甚至会断货。在通辽地区周年生产平菇只需注意躲过夏季 6 月、7 月、8 月 3 个月高温期，其他时间正常管理即可。

高温期生产平菇有以下几点注意事项：①提前建堆发酵，赶在 4 月下旬 5 月上旬装袋，发菌期尽量躲过 6 月初高温期；②选择高温品种，选择耐 35℃的高温品种；③大棚做好通风与遮光；④用地下水加湿和降温，采用时间控制器控制水泵，做到少量多次。

在通辽地区生产平菇，采用上述方法即可安全度过高温期，用玉米芯发酵料方法栽培完全可以周年循环生产。

# 第十七章
# 甘草栽培技术

## 一、甘草有何药用价值

甘草味甘、平。归心、肺、脾、胃经。补脾益气，清热解毒，祛痰止咳，缓急止痛，调和诸药。用于脾胃虚弱，倦怠乏力，心悸气短，咳嗽痰多，脘腹、四肢挛急疼痛，痈肿疮毒，缓解药物毒性、烈性。主治伤寒咽痛、肺热喉痛、肺热喉痛，肺痿、小儿疾病等。

## 二、甘草的资源及地理分布

甘草属于豆科甘草属灌木状多年生草本植物。甘草在我国集中分布于三北地区（东北、华北和西北各省区），而以新疆维吾尔自治区（以下简称新疆，全书同）、内蒙古、宁夏回族自治区（以下简称宁夏，全书同）和甘肃为中心产区。甘草为我国传统中药，商品甘草的原植物大多为乌拉尔甘草，少数为光果甘草，奈曼旗地理位置在乌拉尔甘草带上，其野生甘草即是优质乌拉尔甘草。20世纪70年代又将西北产的胀果甘草收载于《中国药典》，随着药用资源的开发利用，黄甘草、粗毛甘草及云南甘草也进入药用资源的行列。

## 三、如何根据甘草的生长习性进行选地整地

甘草多生长于北温带干旱和半干旱地区，沙漠边缘、山坡或河谷。土壤多为沙质土，在酸性土壤中生长不良，甘草喜光照充足、降水量较少、夏季酷热、冬季严寒、昼夜温差大的生态环境。具有喜光、耐旱、耐热、耐盐碱和耐寒的特性。因此种植地应选择地势高燥，土层深厚、疏松、排水良好的向阳坡地。土壤以略偏碱性的砂质土、沙壤土或覆砂土为宜。忌在涝洼、地下水位高的地段种植；土壤黏重时，可按比例掺入细沙。选好地后，进行翻耕。一般于播种的前一年秋季施足基肥（每亩施厩肥2000~3000千克），深翻土壤35~45厘米，然后整平耙细，灌足底水以备第二年播种。

## 四、甘草的繁殖方式

### 1. 种子繁殖

甘草种子先进行处理后再播种。4月下旬至5月上旬，在做好的垄上开深

1.5～2 厘米的浅沟两条，将处理后的种子均匀播入沟内，覆土浇水，播后半月可出苗。起垄栽培比平畦栽培好，便于排水，通风透光，根扎得深。若冬前播种，可不用催芽。每亩播种 2.5 千克左右。

### 2. 根茎繁殖

根茎繁殖宜在春秋季采挖甘草，选其粗根入药。将较细的根茎，截成长15 厘米的小段，每段带有根芽和须根，在垄上开 10 厘米左右的沟两条，按株距 15 厘米将根茎平摆于沟内，覆土浇水，保持土壤湿润。每亩用种苗 90 千克左右。

### 3. 分株繁殖

在甘草母株的周围常萌发出许多新株，可于春秋季挖出移栽即可。

### 4. 组培繁殖

取甘草的生长点和幼嫩组织放到培养基上在无菌的条件下培养成若干甘草苗，再将甘草苗移栽到定植床上栽培管理，这种方法可以缩短甘草的繁殖周期。

## 五、怎样处理甘草种子

甘草种子的千粒重是 7.0～12.1 克。栽培用的种子净度要求达 85% 以上。由于甘草种子的种皮硬而厚。透性差，吸水困难，播后不易萌发，出苗率低造成缺苗现象。所以，甘草种子播前必须处理。处理种子的方法有两种。

### 1. 碾压破碎处理

将种子在碾盘上铺 3 厘米厚，用碾米机打磨种子种皮，注意种子的变化，到种皮发白色时即可；再将种子放入 40℃ 清水中浸泡 2～4 小时，晾干备用，发芽率可达 60% 以上。现在多用碾米机打磨，将碾米机放大"流子"串两遍，以不伤种胚为度。

### 2. 浓硫酸处理

将选好的甘草种子与 98% 的浓硫酸按 1.5：1 的比例混合搅拌均匀，3～5 分钟后，用清水反复冲洗净种子，及时晒干，发芽率可达 90% 以上。

## 六、甘草大田直播

甘草播种分春播、夏播和秋播，奈曼地区春播一般在公历的 4 月下旬、阴历的谷雨后进行；对于灌溉困难的地块，可在夏季或初秋雨水丰富时抢墒播种，夏播一般在7—8月，秋播一般在9月进行。首先做畦，畦宽4米，然后灌透水，蓄足底墒。播种前种子可先进行催芽处理，也可直接播种处理好的干种子。播种量为2.5~3.5千克/亩，播种行距10~12厘米，播种深度1~1.5厘米。可采用人工播种，也可采用播种机进行机械播种。播种后镇压，一般经1~2周即可出苗，奈曼地区也可选在5月上中旬播种。只要当日平均气温升至10℃以上，地面温度升至20℃以上即可进行播种。甘草苗长到4片叶时耘一次，直播甘草不旱不浇水，甘草苗下部4片叶片发黄，2~3片叶开始落叶时方可浇水。浇水一定要浇透，7月份将甘草苗割掉，控上促下，促进地下根系生长，增加产量。第二年小满前后套种菟丝子，每亩可产菟丝子50~75千克，亩收入2000~3000元。一般大田直播甘草3年可亩产鲜根2吨左右。

一种甘草高产种植方法：这种方法就是打孔种植甘草，先将有机肥、磷酸二铵、硫酸钾均匀翻入土壤内，然后将土地耙平整细压实，灌足底墒水，再用打孔机打深60厘米，直径2~3厘米的孔，将处理好的甘草种子点播在孔内，稍镇压后覆盖地膜提温保墒，出苗后将地膜揭掉。注意防除杂草，这种方法种植的甘草3年后每亩可产出甘草鲜根3吨以上，且根条直顺，粗细均匀，品质一流。但这种方法只适用于小面积种植。

## 七、大田栽苗种植

栽苗种植即在上一年5—6月直播甘草种子育苗，亩播甘草种子10~12.5千克，宽幅条播，行距12~15厘米，覆土0.5~1厘米，第二年春天4月即可将甘草苗挖出大田栽种，一般育一亩甘草苗可供8亩以上的大田栽植。标准甘草苗长度应在25~35厘米，无分杈，无病虫，表皮红色或淡红色。

大田栽植亩用甘草苗110~150千克，栽种前先将土地深翻25~30厘米，整平耙细，浇足底墒水，亩施农家肥2000~3000千克，二铵50千克，硫酸钾15~20千克。按行距10~12厘米，开深12厘米的垄，株距8~10厘米，即将甘草苗交错平放在垄内，覆土6~7厘米，播后镇压。一般10~15天即可出苗。不旱不浇水，生长期间可以打一次苗后除草剂，及时除草，当年10月下旬即可采挖，一般可亩产鲜根1000~1500千克。

## 八、如何进行田间管理

### 1. 灌　溉

甘草在出苗前后要经常保持土壤湿润，以利出苗和幼苗生长。具体灌溉应视土壤类型和盐碱度而定，沙性无盐碱或微盐碱土壤。播种后即可灌水；土壤黏重虽或盐碱较重。应在播种前浇水，抢墒播种。播后不灌水。以免土壤板结和盐碱度上升。栽培甘草的关键是保苗，一般植株长成后不再浇水。

### 2. 田间杂草防除

在出苗的当年，尤其在幼苗期要及时除草。从第二年起甘草根开始分蘖。杂草很难与其竞争，不再需要中耕除草。甘草田杂草防除方式有以下3种。

选择杂草少的地块：甘草属豆科多年生草本植物，在选地时要选择杂草少的地块，特别是要注意地块内宿根性杂草多的地块最好避开。

化学除草技术：播前选用氟乐灵或二甲戊灵封闭。出苗后用甘草叶苗喷施杂草，除草效果可达90%以上。

人工除草：甘草从播种到幼苗封垄是杂草为害最为严重的时期，此时幼苗生长慢，杂草对幼苗影响大，应及时安排除草和中耕。

### 3. 追　肥

当甘草长出4～6片叶时，追施磷肥、尿素；第二年返青后，追施磷肥，促进根茎生长，不再使用氮肥，防止植株徒长。

## 九、甘草的常见病虫害防治

### 1. 甘草褐斑病

叶片产生近圆形或不规则形病斑，病斑中央灰褐色，边缘褐色，在病斑的两面都有黑色雾状物。防治方法如下。

农业防治：与禾本科作物轮作；合理密植，促苗壮发，尽力增加株间通风透光性；以有机肥为主，注意氮、磷、钾配方施肥，避免偏施氮肥；注意排水；结合采摘收集病残体携出田外集中处理。

药剂防治：发病初期用80%络合态代森锰锌800倍液，或50%多菌灵可湿性粉剂600倍液；发病盛期喷洒25%醚菌酯1500倍液，或12.5%烯唑醇可湿性粉剂1000倍液，或25%腈菌唑乳油4000～5000倍液喷洒，连续喷2～

3 次。

### 2. 甘草白粉病

先是叶片背面出现散在的点状、云片状白粉样附着物，后蔓延至叶片正反两面，导致叶片提前枯黄。防治方法如下。

农业防治：参见褐斑病。

化学防治：发病初期，喷施 40%氟硅唑乳油 5000 倍液，或 12.5%烯唑醇可湿性粉剂 1500 倍液，或 10%苯醚甲环唑水分散颗粒剂 1500 倍液，10 天左右 1 次，连喷 2～3 次。

### 3. 地老虎

农业防治：种植前秋翻晒土及冬灌，可杀灭虫卵、幼虫及部分越冬蛹。

物理防治：成虫活动期用糖醋液（糖:酒:醋＝1:0.5:2）放在田间 1 米高处诱杀，每亩放置 5～6 盆，灯光诱杀成虫。

药剂防治：可采取毒饵或毒土诱杀幼虫及喷灌药剂防治，毒饵诱杀，每亩用 50%辛硫磷乳油 0.5 千克，加水 8～10 千克，喷到炒过的 40 千克棉籽饼或麦麸上制成毒饵，傍晚撒于秧苗周围，毒土诱杀，每亩用 90%敌百虫粉剂 1.5～2 千克，加细土 20 千克制成，顺垄撒施于幼苗根际附近。喷灌防治，用 90%敌百虫晶体或 50%辛硫磷乳油 1000 倍液喷灌防治幼虫。

### 4. 蝼 蛄

农业防治：使用充分腐熟的有机肥，避免将虫卵带到土壤中去。

药剂防治：为害严重时可每亩用 5%辛硫磷颗粒剂 1～1.5 千克与 15～30 千克细土混匀后撒入地面并耕耙，或于定植前沟施毒土。

### 5. 甘草叶甲

农业防治：灌冻水压低越冬虫口基数。

化学防治：卵孵化盛期或若虫期及时喷药防治，特别是 5—6 月虫口密度增大期，要切实抓好防治，用 50%辛硫磷饵琦乳油 1000 倍液，或 1%苦参碱水剂 500 倍液，或 4.5%高效氯氰菊酯乳 1000 倍液，或 2.5%的联苯菊酯乳油 2000 倍液等喷雾防治。


# 十、甘草采收与加工


## 1. 采 收

甘草一般生长 1～2 年即可收获，在秋季 9 月下旬至 10 月初采收以秋季茎叶枯萎后为最好。此时收获的甘草根质坚体重，粉性大、甜味浓。直播法种植的甘草，3～4 年为最佳采挖期，育苗移栽和根茎繁殖的 2～3 年采收为佳。采收时必须深挖，不可刨断或伤根皮。挖出后去掉残茎、泥土、忌用水洗，趁鲜分出主根和侧根，去掉芦头、毛须、支杈，晒至半干，捆成小把，再晒至全干。

## 2. 加　工

甘草可加工成皮草和粉草。皮草即将挖出的根及根茎去净泥土，趁鲜去掉茎头、须根，晒至大半干时，将条顺直，分级，扎成小把的晒干品。以外皮细紧、有皱沟，红棕色，质坚实，粉性足，断曲黄白色为佳。粉甘草即去皮甘草是以外表平坦、淡黄色、纤维性、伴纵皱纹者为佳。

# 第十八章
# 苦参栽培技术

# 一、苦参的功效

苦参，又叫苦骨、牛参、川参，为豆科植物苦参的干燥根。具有清热、燥湿、杀虫、利尿之功效，治疗热毒血痢、肠风下血、黄疸尿闭、赤白带下、阴肿阴痒、小儿肺炎、疳积、急性扁桃体炎、痔满、脱肛、湿疹、湿疮、皮肤瘙痒、疥癣麻风、阴疮湿痒、瘰疬、烫伤等。外用可治疗滴虫性阴道炎。

# 二、苦参适宜种植的环境

苦参野生于山坡草地、沙漠边缘、丘陵、路旁，林下，喜温暖气候，对土壤要求不严，但苦参为深根性植物，以土层深厚、肥沃、排灌方便的壤土或沙质壤土为宜。

# 三、种植苦参如何整地

每亩施入充分腐熟的有机肥 2000～3000 千克或三元复合肥 100 千克，深翻 30～40 厘米，耙平整细，浇足底墒水后即可播种。

# 四、苦参的繁殖方法

## 1. 种子繁殖

7—9 月，当苦参荚果变为深褐色时，采回晒干、脱粒、簸净，置干燥处备用。播种前要进行种子处理。方法：用 40～50℃温水浸种 10～12 小时，取出后稍沥干即可播种；也可用湿沙层积（种子与湿沙按 1：3 混合）20～30 天再播种。于 4 月下旬至 5 月上旬，在整好的畦上，按行距 50～60 厘米、株距 30～40 厘米开深 2～3 厘米的穴，每穴播种 4～5 粒种子，用细土拌草木灰覆盖，保持土壤湿润，15～20 天出苗。苗高 5～10 厘米时间苗。每穴留壮苗 2 株。苦参从春到秋每个季节都可播种。

## 2. 分根繁殖

春、秋两季均可。秋栽于落叶后，春栽于萌芽前进行。春、秋栽培均结合苦参收获。把母株挖出，剪下粗根作药用，然后按母株上生芽和生根的多少，用刀切成数株，每株必须具有根和芽 2～3 个。按行距 50～60 厘米。株距 30～40 厘米栽苗，每穴栽 1 株。栽后盖土、浇透水。

## 五、苦参的田间管理

### 1. 中耕除草

苗期要进行中耕除草和培土，保持田间无杂草和土壤疏松、湿润，以利苦参生长。

### 2. 追　肥

苗高 15～20 厘米时进行，每亩施磷酸铵 15 千克或复合肥 20 千克。贫瘠的地块要适当增加追肥数量。

### 3. 合理排灌

天旱及施肥后要及时灌溉。保持土壤湿润。雨季要注意排涝，防止积水烂根。

### 4. 摘　花

除留种地外，要及时剪去花薹，以免消耗养分。

此外，苦参是多年生木本植物，苦参种植的第二年即可采收苦参种子，以后苦参产种子量逐年增加。

## 六、苦参病害的综合防治

### 1. 叶枯病

8 月上旬—9 月上旬发病，发病时叶部先出现黄色斑点，继而叶色发黄，严重时植株枯死。防治方法：用 50% 多菌灵可湿性粉剂 600 倍液或 50% 甲基托布津 500～800 倍液喷洒 2～3 次，间隔 7 天一次。

### 2. 白锈病

发病初期叶面出现黄绿色小斑点。外表有光泽的疱状斑点，病叶枯黄，以后脱落，多在秋末冬初或初春季发生。防治方法如下。

清理田园：将残株病叶集中烧毁或深埋；选择禾本科或豆科轮作。

合理密植：加强肥水管理，提高植株抗病能力。

药剂防治：发病后可选用 10% 苯醚甲环唑水分散颗粒剂 1500 倍液，40% 的氟硅唑乳油 5000 倍液，40% 咯菌腈可湿性粉剂 3000 倍液等，每 7～12 天喷

1 次，连续喷雾 2～3 次。

### 3. 根腐病

常在高温多雨季节发生。病株先根部腐烂继而全株死亡，发病初期用 50%多菌灵 500～800 倍液，或 2.5%咯菌腈 FS1000 倍液，或 30%噁霉灵+25%咪鲜胺按 1：1 配 1000 倍液灌根。7 天喷灌 1 次，喷灌 3 次以上。

## 七、苦参采收加工

栽种 3 年后的 9—11 月或春季萌芽前采挖。刨出全株，按根的自然生长情况，分割成单根，去掉芦头、须根，去掉泥沙。鲜根切成 1 厘米厚的圆片或斜片，晒干或烘干。

# 第十九章
# 黄芪栽培技术

## 一、黄芪的药用价值

黄芪为豆科多年生草本植物蒙古黄芪或膜荚黄芪的干燥根。具有补气固表、利尿托毒、排脓、敛疮生肌等功效。

## 二、黄芪的生长习性和选地、整地

野生黄芪多见于海拔 800～1800 米向阳山坡，为长日照深根系植物，有较强的抗旱、耐寒能力及怕热、怕涝的习性，喜欢干燥凉爽的气候。选择土层深厚，土质疏松、透气性好、pH 值为 6.5～8 的砂质土壤为适宜。每亩施优质农家肥 2000～3000 千克，复合肥 30～50 千克，深翻 30～40 厘米，耙细整平，做成 80～100 厘米宽的高畦待播。

## 三、如何做好黄芪播前种子处理

首先，选当年采收的无虫蛀、无病变、种皮黄褐色或棕黑色、饱满、种仁白色的种子，放置于 20% 食盐水溶液中，将漂浮在表面的秕粒和杂质捞出，将沉于底下的饱满种子做种，并进一步进行处理。方法如下。

沸水浸种催芽：将种子放入沸水中不停搅动约 1 分钟，立即加入冷水，将水温调至 40℃，再浸泡 2 小时，并将水倒出，种子加覆盖物或装入麻袋中闷 8～12 小时。中间用 15℃水滤洗 2～3 次。待种子膨大或外皮破裂时，可趁雨后播种。

机械处理：可用碾米机放大"流子"机械串碾 1～2 遍，以不伤种胚为度。

硫酸处理：将老熟硬实的黄芪种子，放入 70%～80% 浓硫酸溶液中浸泡 3～5 分钟，取出种子迅速在流水中冲洗 30 分钟左右，发芽率达 90% 以上。

## 四、黄芪种子直播

播种时间：春播选在当地气温稳定在 10℃以上；秋播时间在当地气温下降到 15℃左右。播后保持土壤湿润，15 天左右即可出苗。

播种深度：黄芪种子顶土力弱，一般播深 2～3 厘米。播种方法：条播按行距 18～20 厘米开 3 厘米的浅沟，将种子均匀撒入沟内，覆土厚 1～1.5 厘米，播后镇压。亩用种子 2.5～3 千克。

## 五、黄芪育苗移栽

在种子昂贵或旱地缺水直播难以出苗保苗时，可以采用育苗移栽。育苗主要应抓好如下 5 个技术环节：一是选择土层深厚、土质疏松、透气性好的沙质土壤；二是施肥做畦，每亩施优质农家肥 2000～3000 千克，磷酸二铵 50 千克，硫酸钾 15 千克，深翻 30～40 厘米。耙细整平，做成畦面宽 120～150 厘米，垄沟宽 40 厘米，高 30 厘米的高畦；三是适时播种，春播 4 月末或 5 月上旬，秋播 8—9 月，将经过处理的种子撒播或条播于床面，覆土厚约 1.5 厘米，每亩用种子 10 千克（育苗田用种量）；四是加强幼苗期管理，出苗后，适时疏苗和拔除杂草。并视具体情况适当浇水和排水；五是移栽管理，9 月或第二年 4 月中旬，选择条长、苗壮、少分枝、无病虫伤斑的幼苗移栽，行距为 25 厘米，株距 5～10 厘米，一般采用斜栽或平栽，沟深根据幼苗大小而定，一般以 8～10 厘米为宜，栽后适时镇压。每亩栽苗 1.5 万～1.7 万株。一亩苗一般可栽 5～8 亩生产田。

## 六、黄芪田间管理

播后管理：黄芪种子小，拱土能力弱，播种浅，覆土薄，播种后要适时浇水，以保证出苗。

中耕除草与间定苗：当幼苗出现 5 片小叶，苗高 5～7 厘米时，按株距 3～5 厘米三角状进行间苗，结合间苗进行一次中耕除草；苗高 8～10 厘米时进行第二次中耕除草，以保持田间无杂草，地表土层不板结；当苗高 10～12 厘米时，条播按株距 6～8 厘米定苗，亩留苗 2.4 万～2.6 万株。

水肥管理：黄芪具有"喜水又怕水"的特性，要适时排灌水；在植株生长旺期，每亩追施复合肥 50 千克，于行间开沟施入，施肥后浇水。

## 七、如何防治黄芪白粉病

白粉病主要为害黄芪叶片，初期叶表面生白粉状斑；严重时，整个叶片被一层白粉所覆盖，叶柄和茎部也有白粉。防治措施如下。

实行轮作：忌连作，不宜选豆科植物和易感白粉病的作物为前茬，前茬以玉米为好。

加强田间管理：适时间苗、定苗，合理密植，以利田间通风透光，可减少发病。施肥时，以有机肥为主，注意氮、磷、钾比例配合适当，不要偏施氮肥，以免徒长，降低植株抗病性。

药剂防治：发病初期，交替使用以下药剂，7～10 天喷施 1 次，连续防治 2～3 次。用 25%三唑酮（粉锈宁）可湿性粉剂 800 倍液或 50%多菌灵可湿性粉剂 500～800 倍液，或 12.5%腈菌唑 3000 倍液，或 10%苯醚甲环唑水剂 1500 倍液，或 5%烯唑醇乳剂 1000 倍液喷雾。

## 八、如何防治黄芪根腐病

植株叶片变黄枯萎，茎基部至主根均变为红褐干腐，上有红色条纹或纵裂，则根很少或已腐烂，病株极易自土中拔起，主根维管束变褐色，在潮湿环境下，根茎部长出粉霉。植株往往成片枯死。防治措施如下。

控制土壤湿度，防止积水。

与禾本科作物轮作，实行条播和高畦栽培。

发病初期用 99%噁霉灵可湿性粉剂 3000 倍液或 50%多菌灵口可湿性粉剂 600 倍液等灌根。

## 九、黄芪种子与根药采收

种子采收：当荚果下垂，果皮变白，果内种子呈褐色时采收。采收时，可用人工采摘或用收割机收割地上部分植株，（地上留 7～10 厘米），晒干后脱粒，去掉杂质和秕粒，放置通风干燥处贮藏。

根药采收：直播黄芪一般多以 2～3 年采收。春季在解冻后进行，秋季在植株枯萎时进行，育苗移栽的黄芪，一般在栽种当年秋季可采收。采收时，将植株割掉清出田外，人工或用起药机采挖，人工检净根部，抖净泥土。运至晾晒场晒至七八成干时，捆成小把再晾晒全干即可。

# 第二十章
# 防风栽培技术

## 一、防风药用价值

防风为伞形科植物防风的干燥根。别名关防风、东防风。味辛、甘，性微温。归膀胱、肝、脾经。具有祛风解表、胜湿止痛、止痉等功效。主治感冒头痛，风湿痹痛，风疹瘙痒，破伤风等。此外，防风叶、防风花也可供药用。主产黑龙江、吉林、辽宁、内蒙古、河北、山东等省（自治区）。东北产的防风为道地药材，素有"关防风"之称。

## 二、防风有哪些栽培品种

关防风：又称旁风，品质最好，其外皮灰黄或灰褐（色较深），枝条粗长，质糯肉厚而滋润，断面菊花心明显。多为单枝。尤以产于黑龙江西部为佳，被誉为"红条防风"。

口防风：主产于内蒙古中部及河北北部、山西等地，其表面色较浅，呈灰黄白色，条长而细，较少有分枝，顶端毛须较多但环纹少于关防风，质较硬，不及关防风松软滋润，菊花心不及关防风明显。

水防风：又名"汜水防风"，主产于河南灵宝、卢氏、荥阳一带、陕西南部及甘肃定西、天水等地，其根条较细短，长 10～15 厘米，直径 0.3～0.6 厘米，上粗下细呈圆锥状，环纹少或无，多分枝，体轻肉少，带木质。

## 三、种植防风如何选地与整地

防风对土壤要求不十分严格，但应选地势高燥向阳、排水良好、土层深厚、疏松的沙质土壤。黏土、涝洼、酸性大或重盐碱地不宜栽种。由于防风主根粗而长，播种栽植前，每亩施充分腐熟的有机肥 2000～3000 千克，过磷酸钙 50～100 千克或单施三元复合肥 80～100 千克。均匀撒施，施后深耕 30 厘米左右，耕细耙平，做 60 厘米的垄，或做成宽 1.2 米、高 15 厘米的高畦。春秋整地皆可，但以秋季深翻，春季再浅翻做畦为宜。

## 四、防风的繁殖方式

种子繁殖：防风播种分春播和秋播。秋播在上冻前，第二年春出苗，以秋播出苗早而整齐。春播在 4 月中下旬，播种前将种子放在 35℃的温水中浸泡 24 小时，捞出稍晾，即可播种。播种时在整好的畦上按行距 25～30 厘米开沟，均匀播种于沟内，覆土不超过 1.5 厘米，稍加镇压。每亩播种量 2.5 千克左右。播后 20～25 天即可出苗。当苗高 5～6 厘米、植株出现第一片真叶时，按株距 6～7 厘米间苗。

插根繁殖：在收获时，取直径 0.7 厘米以上的根条，截成 5～8 厘米长的根段，按行距 30 厘米开沟，沟深 6～8 厘米，按株距 15 厘米栽种，栽后覆土 3～5 厘米。用种量 60～75 千克/亩。

防风由于出苗时间比较长，所以要根据天气情况，做到看土壤的墒情合理适时地进行浇水，切忌大水漫灌。对于板结的地块，在浇水后进行浅锄划，有利于秧苗的顺利出土，从而达到苗齐苗壮的目的。同时，在苗期还要注意及时除草。

## 五、种植防风如何追肥

为满足防风生长发育对营养成分的需要，生长期间要适时适量进行追肥。一般追肥二次，第一次在 6 月中下旬，每亩施复合肥 50 千克，第二次于 8 月下旬，每亩施复合肥 30 千克。

## 六、防风如何灌水与排水

防风出苗后至 2 片真叶前，土壤必须保持湿润状态，3 叶以后不遇严重干旱不用灌水，促根下扎。6 月中旬至 8 月下旬，可结合追肥适量灌水。雨季应注意及时排除田内积水，否则容易积水烂根。

## 七、防风的主要病虫害防治

白粉病：被害叶片两曲粉状斑，后期逐渐长出小黑点，严重时叶片早期脱落，防治方法：一是增施磷钾肥以增强抗病力，并注意通风透光；二是发病时喷 25%粉锈宁乳油（三唑酮）1000 倍液，或戊唑醇或 12.5%的烯唑醇 1000 倍液喷雾防治。

斑枯病：主要为害叶片，病斑近圆形，严重时叶片枯死。发病初期可选用 70%代森锰锌可湿性粉剂 500 倍液，50%多菌灵可湿性粉剂 600 倍液或 25%醚菌酯 1500 倍液喷雾，药剂应轮换使用，每 10 天喷 1 次，连续 2～3 次。

根腐病：主要为害根部，使植株的根腐烂，叶片枯萎变黄甚至整个植株死亡，一般在夏季或多雨季节发生。一旦发现病株需及时拔除，在病株的病穴撒石灰进行消毒。发病时可用 50% 多菌灵或甲基硫菌灵（70% 甲基托布津可湿性粉剂）500～800 倍液，或 30% 噁霉灵+25% 咪鲜胺按 1∶1 复配 1000 倍液或用 10 亿乙活芽孢和克枯草芽孢杆菌 500 倍液灌根，7 天喷灌 1 次，喷灌 3 次以上。

黄翅茴香螟：幼虫在花蕾上结网咬食花与果实。防治方法：用 5% 氯虫苯甲胺悬浮剂 1000 倍液或 5% 甲氨基阿维菌素苯甲酸盐乳油 3000 倍液等喷雾。

黄风蝶：幼虫为害花、叶，一般 6—8 月发生，被害花、叶被咬成缺刻或仅剩花梗。防治方法：可人工捕杀，产卵盛期或卵孵化盛期用 Bt 生物制剂（每克含孢子 100 亿）300 倍液喷雾防治，或用氟啶脲（5% 抑太保）2500 倍液，或 25% 灭幼脲总浮剂 2500 倍液，成虫酰肼（24% 米满）1000～1500 倍液，或在低龄幼虫期用 0.36% 苦参碱水剂 800 倍液，或用多杀霉素（2.5% 莱喜悬浮剂）3000 倍液等喷雾。7 天喷 1 次，一般连喷 2～3 次。

## 八、防风采收与加工

采收：防风采收一般在第二年的 10 月中下旬或春季萌芽前采收。春季根插繁殖的防风当年可采收；秋播的一般于第二年冬季采收。防风根部入土较深，松脆易折断。采收时须从畦的一端开深沟，顺序挖掘，或使用专用机械收获。根挖出后除去残留茎叶和泥土，运回加工。

加工：将防风根晒至半干时去掉须毛，按根的粗细分级，晒至八九成干后扎成小捆，再晒或烤至全干即可。

# 第二十一章
# 北沙参栽培技术

## 一、北沙参的适宜生态环境

北沙参喜阳光充足、温暖、湿润的气候，能耐寒、耐干旱、耐盐碱，但忌水涝、忌连作。适宜北沙参生长的生态地理范围较广，北至辽宁，南至广东、海南。气候条件差异大，年均气温 8～24℃，积温 400～9000℃，无霜期 150 天以上，最冷月平均气温 -10℃ 以上，最热月平均气温 25℃ 以上，年降水量 600～2000 毫米。

## 二、北沙参适宜区与最适宜区

分布于辽东、华北及山东胶东地区。山东莱阳、文登、海阳，河北安国、秦皇岛，内蒙古赤峰、辽宁大连，江苏连云港等地均适宜其生产。山东莱阳是其较适宜区。

## 三、生物学特性

北沙参原野生于山坡草丛中，两年生草本植物，对土壤的要求不严，以耕层深厚的沙壤土、壤土为佳，北沙参喜光，忌积水，生长适宜温度为 18～22℃，越冬期耐寒能力强。幼苗期一般 30 天左右；根茎生长期 90～100 天，要求有适宜的生长环境，如土壤板结，没有很好的整地，易形成畸形根；越冬休眠期长达 150～180 天，越冬前保持土壤有充足的水分，做好田间管理。在次年 4 月下旬进入返青期，满足返青期植株生长发育对养分、水分、温度等条件的需要是形成健壮植株的关键。种子有胚后熟休眠，经 0～5℃ 低温处理 120 天，发芽率达 97%。

## 四、育种技术

冬播采用当年采收的成熟种子。播种前搓去果翅，放入清水中浸泡 1～2 小时，捞起稍晾一下，堆起，每天翻动一次，水分不足的应适当喷水，直至种仁润透为止。春播，应于入冬前将鲜种子埋藏于室外土中或挂于井中水面以上，使之经过低温处理以利于发芽出苗；如果是干种子，应放入 25℃ 的温水中浸泡 4 小时，捞起晾后与湿沙混合，放入木箱内冷冻，于春天解冻后取出播种。

## 五、栽培技术

### 1. 整 地

选土层深厚、土质疏松肥沃、排灌方便的沙质壤土，前茬以小麦、稻谷、玉米等为好。黏土、低洼积水地不宜种植。每亩施农家肥 4000 千克作基肥，深翻 50～60 厘米，整细耙平后做成 1.5 米宽的畦，四周开好深 50 厘米的排水沟。

### 2. 播 种

有窄幅条播、宽幅条播和撒播。大面积栽培多采用宽幅条播。

窄幅条播按行距 10～15 厘米，横向开播种沟，沟深 4 厘米左右，播幅宽 6 厘米左右，沟底要平。将种子均匀撒入沟中，粒距 3～4 厘米，然后开第二条播种沟，将土覆盖第一沟种子，覆土后用脚顺沟踩一遍。如此开一沟，播种一沟循环下去。

宽幅条播按行距 22～25 厘米，横畦开播种沟，沟深 4 厘米左右，播幅宽 13～17 厘米。播种、覆土、粒距等与窄幅条播要求相同。

撒播将畦中间的细土向两边刨开，深约 3 厘米；然后将种子均匀地撒于畦面，再用细土覆盖种子，并推平畦面，稍加镇压即可。

播种量依土质、灌溉条件等而异，沙质壤土每亩播种量 5 千克；纯沙地每亩播种量 3.5～4 千克即可；二年参地播种量宜多些，每亩 7.5～10 千克。纯沙地播种的，覆土后再顺播幅表面撒盖一层黄泥或小酥石块，以防大风将沙或种子刮走，造成缺苗断垄。

## 六、田间管理

### 1. 除 草

早春解冻后，若地板结，要用铁耙松土，保墒。由于北沙参是密植作物，行距小，茎叶嫩、易断，故出苗后不宜用锄中耕但必须随时拔草。

### 2. 间苗及定苗

待小苗具 2～3 片真叶时，按株距 3 厘米左右成三角形间苗。苗高 10 厘米时定苗，株距 60 厘米。

### 3. 水肥管理

生长前期易遇干旱，可酌情适当浇水，保持土壤湿润。生长后期及雨季积水应注意排水。定苗后进行第 1 次追肥，施清淡腐熟人畜粪水 30～40 吨/公顷，以促进幼苗生长。5—6 月进行第 2 次追肥（根外追肥），用 0.3%～0.5%尿素溶液和 0.3%的磷酸二氢钾溶液各喷 1 次。第 3 次施肥可在 7 月后根条膨大期进行，追施过磷酸钙 300 千克/公顷、饼肥 400 千克/公顷。北沙参植株密度较大，追肥困难，追肥时要仔细操作，勿伤根部。

### 4. 摘　蕾

非留种田，应及时摘除花蕾。

## 七、病虫害防治

### 1. 病　害

#### （1）根结线虫病

5 月幼苗刚出土就开始发生。线虫侵入根部，吸取汁液形成根瘤，主根呈畸形，叶枯黄，严重影响植株生长，甚至造成大片死亡。防治方法：忌连作，可与禾本科作物轮作；不选用前作是花生等豆类作物的土地；药剂防治可用 5%的克线磷颗粒剂，于播种时施入播种沟内，每亩用量 5 千克；也可以在整地时每亩施生石灰 50 千克，可杀死幼虫和卵。

#### （2）北沙参病毒病

5 月上中旬发生，一般种子田发生较重。发病植株叶片皱缩扭曲，生长迟缓，矮小畸形。防治方法：选用无病植株留种；彻底防治蚜虫、红蜘蛛等病毒传播者。

#### （3）锈　病

7 月中下旬开始发生。茎叶上产生红褐色病斑，后期表面破裂，散出大量的棕褐色呈粉状的夏孢子。严重时使叶片或植株早期枯死。防治方法：收获后清理园地，特别是种子田要彻底清理干净，集中烧毁病残体；增施有机肥、磷钾肥，以增强植株抗病能力；发病初期可喷25%粉锈宁可湿性粉剂 1000 倍液，或波美 0.2～0.3 度石硫合剂，以控制为害。

### 2. 虫　害

#### （1）大灰象甲

又名象鼻虫，主要为害刚出土的幼苗，造成缺苗。防治方法：早春解冻后，在北沙参地周围种白芥子可引诱此虫；每亩用 15 千克鲜萝卜条，加 90% 美曲膦酯晶体 10 克撒于地面诱杀。

**（2）钻心虫**

幼虫钻入植株各个器官内部，导致中空，不能正常开花结果，每年发生多代，栽培二年生以上的植株为害严重。防治方法：7—8 月进行灯光诱杀；90% 美曲膦酯加水 500 倍杀幼虫。

**（3）蚜 虫**

为害植株茎叶的害虫，主要是胡萝卜微管蚜，年发生 2～3 代，5 月下旬为高峰期。防治方法：用 40% 氧化乐果乳油 1000～2000 倍液进行防治，杀死率达 99.7%，可增产 29.91%。

**（4）黑绒金龟子**

苗期为害，用人工捕杀或施辛硫磷消毒土壤进行防治。

# 八、采收加工

## 1. 采 收

1 年参于第 2 年"白露"到"秋分"参叶微黄时采收，称"秋参"。2 年参于第 3 年"入伏"前后采收，称"春参"。采收应选晴天进行，在参田一端刨 60 厘米左右深的沟，稍露根部，然后边挖边拔根，边去茎叶。起挖时要防止折断参根，降低品质。并随时用麻袋或湿土盖好，保持水分，以利剥皮。

## 2. 产地加工

将参根洗净泥土，按粗细长短分级，用绳扎成 2～2.5 千克小捆，放入开水中烫煮。其方法：握住芦头一端，先把参尾放入开水中煮几秒钟，再将全捆散开放进锅内煮，不断翻动，约 2～4 分钟，以能剥下外皮为度，捞出，摊晾，趁湿剥去外皮，晒干或烘干，通称"毛参"。供出口的"净参"，是选一级"毛参"，再放入笼屉内蒸一遍，蒸后趁热把参条搓成圆棍状，搓后用小刀刮去参条上的小疙瘩及不平滑的地方，晒干，用红线捆成小把即成。

## 3. 炮 制

取原药材，除去杂质及残茎，洗净，稍润，切段，干燥。

## 4. 贮 藏

置通风干燥处，防蛀。

## 5. 产销情况

北沙参主产于山东莱阳、文登、蓬莱及河北安国，内蒙古赤峰市的牛营子

镇，江苏连云港，以家种为主。近年来，安国北沙参的产量占全国总产量的
40%，是当前全国最大的主产区，销往全国并出口。

### 6. 药材性状

呈细长圆柱形，偶有分枝，长15～45厘米，直径0.4～1.2厘米。表面淡
黄白色，略粗糙，偶有残存外皮，不去外皮的表面黄棕色。全体有细纵皱纹及
纵沟，并有棕黄色点状细根痕；顶端常留有黄棕色根茎残基；上端稍细，中部
略粗，下部渐细。质脆，易折断，断面皮部浅黄白色，木部黄色（见下图）。
气特异，味微甘。以条细长，圆柱形，均匀，质坚，白色去净皮者为佳。

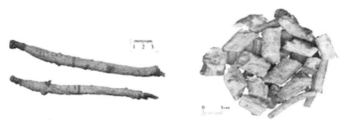

**图　药材性状**

饮片为北沙参药材净制后切成的段。性状同药材（上图）。

### 7. 商品规格

一等干货。呈细长条圆柱形，去净栓皮。表面黄白色。质坚而脆。断面皮
部淡黄白色，有黄色木质心。微有香气，味微甘。条长34厘米以上，上中部
直径0.3～0.6厘米。无芦头、细尾须、油条、虫蛀、霉变。

二等条长23厘米以上，其余同一等。

三等条长22厘米以下，粗细不分，间有破碎。其余同一等。

# 第二十二章

# 板蓝根栽培技术

## 一、板蓝根药用价值

板蓝根为十字花科植物菘蓝的干燥根，具有清热解、凉血利咽等功效，常用于温疫时毒、发热咽痛、温毒发斑、痄腮、烂喉丹痧、大头温疫、丹毒、痈肿等症，是常用的大宗药材之一。菘蓝的干燥叶也可入药，即"大青叶"，具有清热解毒、凉血消斑等功效，常用于温病高热、神昏、发斑发疹等证。

## 二、生产上如何选择菘蓝品种

菘蓝适应性很强，在我国大部分地区都能种植，主要产区分布在河北、安徽、内蒙古、甘肃等地。生产上常用的栽培品种有小叶菘蓝和四倍体菘蓝。小叶菘蓝从根的外观质、药用成分含量、药效等方面均优于四倍体菘蓝，而四倍体菘蓝叶大、较厚。因此，以收获板蓝根为主的可以选择小叶菘蓝，以收割大青叶为主的可以选择种植四倍体菘蓝。

## 三、种植菘蓝如何选地整地

菘蓝适应性较强，对土壤环境条件要求不严，适宜在上层深厚、疏松、肥沃的沙质壤土种植。排水不良的低洼地，容易烂根，不宜选用。种植基地应选择不受污染源影响或污染物含量限制在允许范围之内，生态环境良好的农业生产区域，产地的空气质量符合 GB 3095 二级标准，灌溉水质量符合 GB 5084 标准，土壤中铜元素含量低于 80 毫克/千克，铅元素含量低于 85 毫克/千克，其他指标符合土壤质量 GB 15618 二级标准。

选好地后，每亩施腐熟的农家基肥 2000 千克，复合肥 30～50 千克，或生物肥料 100 千克。深耕 30 厘米左右，耙细整平做畦，做畦方式可按当地习惯操作。

## 四、菘蓝的适宜播种期

春播菘蓝随着播种期后延，产量呈下降趋势，但也不是播种越早越好。因为菘蓝是低温春化植物，若播种过早遇倒春寒，会引起菘蓝当年开花结果，影响板蓝根的产量和质量。因此，菘蓝春季播种不宜过早，以立夏以后播种为宜。此外，菘蓝也可在夏季播种，在6月、7月收完麦子等作物后进行。

播种时，按25厘米行距开沟，沟深2～3厘米，将种子按粒距3～5厘米撒入沟内，播后覆土2厘米，稍加镇压。每亩播种量1.5～2千克。

## 五、种植菘蓝如何进行田间管理

### 1. 间苗、定苗

当苗高4～7厘米时，按株距8～10厘米定苗，间苗时去弱留强，使行间植株保持三角形分布。

### 2. 中耕除草

幼苗出土后，做到有草就除，注意苗期应浅锄；植株封垄后，一般不再中耕，可用手拔除。大雨过后应及时松土。

### 3. 追　肥

6月上旬每亩追施尿素10～15千克，开沟施入行间。8月上旬再进行一次追肥，每亩追施过磷酸12千克，硫酸钾18千克，混合开沟施入行间。施肥后及时浇水。

### 4. 灌水排水

定苗后，视植株生长情况，进行浇水。如遇伏天干旱，可在早晚灌水，切勿在阳光暴晒下进行。多雨地区和雨季，要及时清理排水沟，以利及时排水，避免田间积水、引起烂根。

## 六、菘蓝常见的病虫害防治

菘蓝的病虫害在营养生长期以白粉病、菜青虫为主，在花期以蚜虫为主。

### 1. 白粉病

主要为害叶片，以叶背面较多，茎、花上也可发生。叶面最初产生近圆形白色粉状斑，扩展后连成片，呈边缘不明显的大片白粉区，严重时整株被白粉覆盖后期白粉呈灰白色，叶片枯黄萎蔫。防治方法如下。

农业防治：前茬不选用十字花科作物；合理密植，增施磷、钾肥，增强抗病力；排除田间积水，抑制病害的发生；发病初期及时摘除病叶，收获后清除病残枝和落叶，携出田外集中深埋或烧毁。

生物防治：用2%农抗120水剂或1%武夷菌素水剂150倍液喷雾7～10天

喷 1 次，连喷 2～3 次。

药剂防治：发病初期选用戊唑醇（25%金海可湿性粉剂），或三唑酮（15%粉锈宁可湿性粉剂）1000 倍液，或 50%多菌灵可湿性粉剂 500～800 倍液，或甲基硫菌灵（70%甲基托布津可湿性粉剂）800 倍液等喷雾防治。

### 2. 菜青虫（菜粉蝶）

生物防治：菜粉蝶产卵期，每亩释放广赤眼蜂 1 万头，隔 3～5 天释放 1 次，连续放 3～4 次。或于卵孵化盛期，用 100 亿/克活芽孢 Bt 可湿性粉剂 300～500 倍液，或每亩用 100～150 克的 10 亿 PIB/毫升核型多角体病毒悬浮液，或用氟啶脲（5%抑太保）2500 倍液，或 25%灭幼脲悬浮剂 2500 倍液，或虫酰肼（24%米满）1000～1500 倍液喷雾防治，7 天喷 1 次，连续防治 2～3 次。

药剂防治：用多杀霉素（2.5%菜喜悬浮剂）3000 倍液，或高效氯氟氰菊酯（2.5%功夫乳油）4000 倍液，或联苯菊酯（10%天王乳油）1000 倍液，或 50%辛硫磷乳油 1000 倍液等喷雾防治。

### 3. 蚜虫

物理防治：黄板诱杀蚜虫，有翅蚜初发期可用市场上出售的商品黄板，每亩挂 30～40 块。

生物防治：前期蚜少时保护利用瓢虫等天敌，进行自然控制。无翅蚜发生初期，用 0.3%苦参碱乳剂 800～1000 倍液喷雾防治。

药剂防治：用 10%吡虫啉可湿性粉剂 1000 倍液，或 3%啶虫脒乳油 1500 倍液，或 2.5%联苯菊酯乳油 3000 倍液，或 4.5%高效氯氰菊酯乳油 1500 倍液，或 50%辟蚜雾可湿性粉剂 2000～3000 倍液或其他有效药剂，交替喷雾防治。

## 七、大青叶、板蓝根何时采收好

在北方由于种植习惯，一般不收割大青叶。若收割大青叶，以不显著影响板蓝根的产量和药用成分含量为前提。试验表明，大青叶第一次收割应在 7 月底或 8 月初，若在 6 月割叶会引起板蓝根产量下降，与不割叶相比降幅达 38.43%，这是因为 6 月为板蓝根产量增加的关键时期，割去叶子势必造成板蓝根产量的大幅下降。第二次收割可选择在收获板蓝根时进行，这样不会对板蓝根产量及成分含量产生明显的影响。

板蓝根适宜采收期的选择主要其产量和药用成分含量试验表明，板蓝根的产量随生长期延长而增高，10 月和 11 月产量增加不明显，板蓝根药用成分含量随生长期延长先增高后降低，10 月中旬达到峰值。因此，板蓝根的适宜采收期在种植当年 10 月中下旬。平原种植的菘蓝可以选择大型的收割机械，收割深度在 35 厘米即可，这样不仅提高了效率，还大大节约了人工成本；山区种植不能采用收割机，应选择晴天从一侧顺垄挖采，抖净泥土晒干即可。

## 八、菘蓝繁种需注意的问题

菘蓝当年不开花，若要采收种子需待到第二年。菘蓝属于异花授粉，不同品种种植太近易发生串粉，导致品种不纯。目前，市场上的板蓝根品种的纯度较低，且大部分为非人为的杂交种子，表现为地上部分多分枝、产量低、药用成分含量不稳定等。因此，菘蓝繁种要注意以下几个方面。

首先，选择无病虫害、主根粗壮、不分叉且纯度高的菘蓝作为留种田，并确保周围 1 千米范围内无其他菘蓝品种。其次，第二年返青时，每亩施入基肥 1000～2000 千克；在花蕾期要保证田间水分充足，否则种子不饱满。最后，待种子完全成熟后（种子呈现紫黑色时）进行采收，割下果枝晒干，除去杂质，存放于通风干燥处待用。

# 第二十三章

# 苍术栽培技术

## 一、生态环境

多生长在丘陵、杂草或树林中；喜凉爽、温和、湿润的气候，耐寒力较强，怕强光和高温高湿。生长期要求温度 15～25℃，幼苗能耐 -15℃左右低温。以半阳半阴、土层深厚、疏松肥沃、富含腐殖质、排水良好的沙质壤土栽培为宜。

## 二、适宜区与最适宜区

茅苍术主要分布于河南、江苏、湖北、安徽、浙江、江西等省，江苏南京市郊及金坛、溧阳、溧水，安徽郎溪、广德，湖北英山、罗田等地，这些地区均为茅苍术生产的适宜区。江苏茅山山脉及安徽郎溪、广德的丘陵地区为最适宜区。

北苍术主要分布于黑龙江、吉林、辽宁、内蒙古、河北、山西、陕西、甘肃、宁夏、青海等省（自治区）。辽宁兴城、海城、盖州、庄河、桓仁、抚顺、清原、新宾、宽甸、本溪、凤城、蚰岩，内蒙古鄂伦春旗、扎兰屯旗、阿荣旗、莫力达瓦旗以及河北承德、山西芮城、陕西太白山等地均为其药材生产适宜区。

## 三、生物学特性

苍术（北苍术）种子通常在 2 月中旬至 3 月上旬萌发，3 月中旬至 4 月上旬破土出苗，随后进入营养生长期。一年生植株不抽薹开花，个别抽薹开花的 8 月孕蕾，11 月中旬至次年 3 月中旬休眠。第二年于 3 月中旬至 4 月上旬出苗，4 月中旬至 6 月中旬为营养生长期，6 月下旬至 8 月中旬孕蕾，7 月中旬至 9 月上旬开花，9 月中旬至 11 月上旬结果，然后地上部分枯萎，进入休眠期。

## 四、育种技术

可以在结果期采集果实作种，也可选择其根茎，进行去须、消毒、切制处理后栽种或适当贮藏备用。果实采集时间为 11 月，地上部分显黄时，将地上部分割下放置，待其全部显黄时，表明果实全部成熟，即可脱粒取籽。应选择颗粒饱满、色泽鲜艳、成熟度一致的无病虫害的种子作种。

根茎则应选择健壮、无病害者剪去须根，用多菌灵 1000 倍液喷雾消毒。然后按自然节纵切，晾晒半天至一天，用草木灰拌种。处理后如不立即栽种可用一层黄沙一层根茎堆积的方法贮藏备用，中央要留通气孔，高度不可超过 1 米，以免发热腐烂。

## 五、栽培技术

### 1. 选 地

栽培应选择半阴半阳的荒山或荒坡地，土壤以疏松、肥沃、排水良好的腐殖土或沙壤土为宜。黏性、低洼、排水不良的地块不宜种植。忌连作，前茬作物以禾本科植物为好，露地栽培可与玉米套种，以荫蔽度在 30%左右较为适宜。

### 2. 整 地

秋冬播种与移栽的田块，应提前翻耕；春播、春栽田块，宜早耕，以利疏松土壤和减少病虫害。播种或移栽前再翻耕 1 次。

### 3. 播 种

种子直播。种子发芽率 50%左右。4 月初育苗，苗床应选向阳地，播种前深翻，同时施基肥，北方用堆肥，南方施草木灰等。整细耙平后，做成宽 100 厘米、长 330～500 厘米畦，条播或撒播，每亩用种量 60～75 千克，播后覆细土 2～2.3 厘米，上盖一层稻草，经常浇水，保持土壤湿润。出苗后去掉盖草，苗高 3.3 厘米左右时间苗，苗高 10 厘米左右即可定植。南方育苗期约 1 年，次年 3 月上旬定植，定植地一般利用荒坡空地，于头年冬天耕翻。定植前再耕翻 1 次，除尽杂草，施足底肥，阴雨天或午后定植容易成活，株行距 16.5 厘米×（23～40）厘米，栽后覆土压紧，然后浇水。

育苗移栽。做宽 1.0～1.2 米，长 10 米的畦，畦沟宽 30～40 厘米，深 20～25 厘米，畦面呈龟背形，做到雨晴后沟中无积水。栽种时将根茎的出苗部分朝上，盖细土、压实，上面再盖薄薄的一层稻草。待苗高 6～7 厘米时，进行移栽。株行距为（10～20）厘米×（15～30）厘米，栽种后覆土 2～3 厘米。

## 六、田间管理

### 1. 中耕除草

幼苗期要注意中耕除草，除掉杂草、弱苗与密苗。

### 2. 合理灌溉

出苗前若干旱可浇水保持地面湿润，便于出苗。浇水时应选在早晚，中午不可浇水。雨后及早上露水未干时不可进地。多雨季节要清理畦沟，排除田间积水，以免烂根。

### 3. 追　肥

第一次追肥在立秋以前，每亩用碳酸铵 50 千克或尿素 20 千克。第二次在白露以后，追施尿素 300 千克，钾肥 150 千克。以后一般每年追肥 3 次，5 月施 1 次提苗肥，每亩约施 1000 千克左右清粪水；6 月生长盛期施人畜粪水，每亩约 1200 千克，或每亩 5 千克硫酸铵；8 月开花前，每亩施人畜粪水 1000~1500 千克，并加施适量草木灰或过磷酸钙。

### 4. 除花蕾

植株抽薹开花时，可适当摘除花蕾，促进根茎肥大，摘蕾不宜太早或太迟，过早影响植株生长；过迟养分消耗太多，影响茎根生长。

### 5. 烧荒、培土

于栽种第二年 12 月中下旬地上部分枯黄时进行烧荒。即在畦面上铺层薄稻草或其他可燃的草，放火烧掉，然后结合施肥进行培土。先施复合肥，然后从畦沟挖土覆盖，以不见复合肥为度，并要保证畦高在 20 厘米以上。

## 七、病虫害防治

### 1. 病　害

白绢病。主要症状是 4 月下旬始发，6 月上旬至 8 月中旬渐趋严重，为害根茎及茎基。发病初期，地上部分无明显症状，随着温度和湿度的增高，根茎溃烂，有臭味，最后呈茶褐色菌核，植株枯萎死亡。防治方法是挑选无病苗，并用 50% 多菌灵 1000 倍液浸渍 3~5 小时，晾干后栽种；切忌与易感病的茄科、豆科或瓜类等作物连作；选用 10% 三唑酮可湿性粉剂 200 毫克/千克喷雾治疗；在育苗阶段和病害发生初期，施用哈氏木霉生防菌进行生物防治。

根腐病。一般在雨季严重，在低洼积水地段易发生，为害根部。防治办法：进行轮作；选用无病种苗用 50% 退菌特 100 倍液浸根 3~5 小时后再栽种；生长期注意排水，防止积水和土壤板结；发病期用 50% 托布津 800 倍液进行浇灌。

黑斑病。发病初期由基部叶片开始，病斑圆形或不规则形，两面都能生出黑色霉层，多数从叶尖或叶缘发生，扩展较快；后期病斑连片，呈灰褐色，并逐渐向上蔓延，最后全株叶片枯死脱落。防治方法：进行轮作，切忌同感病的药材或茄科、豆科及瓜类等植物连作；选用无病健壮的种栽，并经药剂消毒处理；销毁病株，病穴撒施石灰消毒，四周植株喷浇 70%甲基托布津或 50%多菌灵 500～1000 倍液，抑制其蔓延为害。

### 2. 虫　害

蚜虫以成虫和若虫吸食茎叶汁液，在苍术的整个生长发育过程中均易发生。防治方法：清除枯枝和落叶，深埋或烧毁；在发生期用 50%的杀螟松 1000～2000 倍液或以 40%的乐果乳油 1500～2000 倍液进行喷洒防治，每 7 天一次，连续进行直到无蚜虫为害为止。

## 八、采收加工

### 1. 采　收

家种的苍术需生长 2 年后收获。茅苍术多在秋季采挖，北苍术分春秋两季采挖，但以秋后至翌年初春苗未出土前采挖的质量好。野生茅苍术，春、夏、秋季都可进行采挖，以 8 月采收的质量最好。尽量避免挖断根茎或擦破表皮。

### 2. 产地加工

茅苍术采挖后，除净泥土、残茎，晒干去掉毛须。北苍术挖出后，去掉泥土，晒至四五成干时装入筐内，撞掉须根；即呈黑褐色；再砸至六七成干，撞第二次，直至大部分老皮撞掉后，晒至全干时再撞第三次，到表皮呈黄褐色为止。

## 九、炮　制

苍术片取苍术，除去杂质，洗净，润透，切厚片，干燥。成品为不规则圆形或条形厚片，气香特异。

麸炒苍术将麸皮置炒锅中炒热，再加入苍术片 100 千克，勤加拌炒使受热均匀，待炒至药片呈微黄色后迅速铲起，筛去麦麸，摊开放凉。表面微黄色每 100 千克苍术片，用麦麸 10 千克。

## 十、贮　藏

置阴凉干燥处。

## 十一、产销情况

主要来源于野生，内蒙古、江苏、安徽、湖北、辽宁、吉林、黑龙江等省（自治区）为苍术的主产区，年产量占到全国苍术总产量的90%以上，其中内蒙古占80%，辽宁、吉林、黑龙江三省占10%。销往全国并有出口。

## 十二、药材性状

茅苍术呈不规则连珠状或结节状圆柱形，略弯曲，偶有分枝，长3～10厘米，直径1～2厘米（图23-1）。表面灰棕色，有皱纹、横曲纹及残留须根，顶端具茎痕或残留茎基。质坚实，断面黄白色或灰白色，散有多数橙黄色或棕红色油室，暴露稍久，可析出白色细针状结晶。气香特异，味微甘、辛、苦。

0  1  2

**图23-1　苍术药材**

北苍术呈疙瘩块状或结节状圆柱形，长4～9厘米，直径1～4厘米。表面黑棕色，除去外皮者黄棕色。质较疏松，断面散有黄棕色油室。香气较淡，味辛、苦。

均以个大、形如连珠形状，质坚实，有油性，无须毛，外表黑棕色，断面朱砂点多，放置后生白毛状结晶及香气浓郁者为佳。

饮片呈不规则类圆形或条形厚片。外表皮灰棕色至黄棕色，有皱纹，有时可见根痕。切面黄白色会灰白色；散有多数橙黄色或棕红色油室，有的可析出白色细针状结晶（图23-2）。气香特异，味微甘、辛、苦。

图 23-2　苍术饮片

## 十三、商品规格

商品中按产地分有北苍术、茅苍术，均为统货。

# 第二十四章

# 柴胡栽培技术

## 一、柴胡药用价值

柴胡味苦性微寒。归肝、胆、肺经。具有和表解里、疏肝解郁、升阳举陷之功效。主要用于感冒发热、寒热往来、胸胁胀痛、月经不调、子宫脱垂、脱肛等治疗。柴胡为大宗常用中药材，年用量已达一万余吨，且随着以柴胡为主要原料的药品不断开发上市而快速递增。不仅国内用量大，而且还大量出口，现有资源不能满足市场需要，价格逐年上涨。

## 二、柴胡的品种类型

柴胡的栽培类型主要有柴胡、狭叶柴胡、三岛柴胡等，其中柴胡已培育出中柴 1 号、中柴 2 号、中柴 3 号栽培品种，狭叶柴胡已培育出中红柴 1 号栽培品种。

柴胡为《中国药典》收载基源药源植物，俗称北柴胡。主产甘肃、陕西、山西和河北等省（自治区），黑龙江、内蒙古、吉林、河南、四川等省（自治区）也有少量栽培。2014 年，涉县柴胡获得农业部国家农产品地理标志产品登记，中国医学科学院药用植物研究所已培育出柴胡栽培品种中柴 1 号、中柴 2 号、中柴 3 号。狭叶柴胡也为《中国药典》收载基源植物之一，俗称"南柴胡"，黑龙江、内蒙古等地有种植，中国医学科学院药用植物研究所培育出"中红柴 1 号"，三岛柴胡也称日本胡柴，由日本或韩国药材公司在我国实行订单生产，基地分布在湖北、河北等地。三岛柴胡在我国为非正品柴胡。

## 三、种植柴胡如何选地整地

### 1. 选　地

柴胡属阴性植物，其种子个体小，野生条件下在草丛中、阴湿环境中发芽生长，种植栽培时应为其创造阴湿环境，选择已栽种玉米、谷子或大豆等秋作物的地块进行套种。利用秋作物茂密枝叶形成的天然遮阴屏障，并聚集一定的湿气，为柴胡遮阴并创造稍冷凉而湿润的环境条件。也可选择退耕还林的林下地块或山坡地块，利用林地的遮阴屏障或山坡地上的杂草、矮生植物遮阴。

### 2. 整　地

玉米、谷子或大豆播种前结合施足底肥，一般每亩施用腐熟有机肥

2500~3500 千克，复合肥 80~20 千克，柴胡播种前要先造墒，浅锄划，然后播种。没造墒条件的旱地，应在雨季来临之前浅锄划后播种等雨。

## 四、山地柴胡仿野生栽培的关键技术

柴胡适应性较强，喜稍冷冻而湿润的气候，较耐寒耐旱，忌高温和涝洼积水。其仿野生栽培的技术关键有以下两点。

### 1. 把好播种关

第一年 6 月中旬至 7 月上中旬，与秋作物套种的，先在田间顺行浅锄一遍，每亩用种 2.5~3.5 千克，与炉灰拌匀，均匀地撒在秋作物行间，播后略镇压或用脚轻踩即可，一般 20~25 天出苗；在退耕还林的林下地块种植的，留足树歇带，将树行间浅锄，把种子与炉灰拌匀，均匀地撒在树行间，播后略镇压；在山坡地上种植的，先将山坡地上的杂草轻割一遍，留茬 10 厘米左右，种子均匀地撒播，播后略镇压。

### 2. 把好除草关

第一年秋作物收获时，秋作物留茬 10~20 厘米，注意拔除大型杂草。第二年春季至夏季要及时拔除田间杂草，一般进行 2~3 次。林下或山坡地块种植，第 1 年及第 2 年春夏季主要是拔除田间杂草。仿野生栽培一般第 1 年播种后，以后每年不再播种，只在秋后收获成品柴胡，依靠植株自然散落的种子自然生长，从第 2 年开始每年都有种子散落，每年都有成品柴胡收获，3~5 年后由于重复叠加生长，需清理田间，进行轮作。

## 五、柴胡玉米间作套种的关键技术

柴胡玉米间作套种模式为药粮间作，二年三收（或二收）。即第一年玉米地套播柴胡，当年收获一季玉米；第二年管理柴胡，根据实际需要决定秋季是否收获柴胡种子；第二年秋后至第三年清明节前收获柴胡。其技术关键如下。

### 1. 播种玉米

玉米春播或早夏播，可采取宽行密植的方式，使玉米的行间距增大至 1.1 米，穴间距 30 厘米，每穴留苗 2 株，玉米留苗密度 3500~4000 株/亩。玉米的田间管理要比常规管理提早进行，一般在小喇叭口期前期、株高 40~50 厘米时进行中耕除草，结合中耕每亩施入磷酸二铵 30 千克。

## 2. 播种柴胡

利用玉米茂密枝叶形成天然的遮阴效果，为柴胡遮阴并创造稍阴凉而湿润的环境条件。在播种柴胡时一要掌握好播种时间，柴胡出苗时间长，雨季播种原则为：①宁可播种后等雨，不能等雨后播，最佳时间为6月下旬至7月下旬；②要掌握好播种方法：待玉米长到40～50厘米时，先在田间顺行浅锄一遍，然后划1厘米浅沟，将柴胡种子与炉灰拌匀，均匀地撒在沟内，镇压即可，也可采用耧种或撒播，用种量2.5～3.5千克/亩，一般20～25天出苗。

柴胡玉米间作套种模式，可实现粮药间作双丰收，当年可收获玉米550～650千克；如计划收获柴胡种子，一般亩产柴胡种子20～25千克；播种后第2年秋后11月至次年3月中下旬收获柴胡根部，一般每亩可收获45～55千克柴胡干品，按目前市场价格52～60元/千克，2年的亩效益可达4400～5400元。平均年亩效益2200～2700元。

# 六、如何根据柴胡种子的萌发出苗特性，实现一播保全苗

柴胡种子籽粒较小，发芽时间长（在土壤水分充足且保湿20天以上，温度在15～25℃时方可出苗），发芽率低，出苗不齐，因此，要保证一播保全苗，必须做到以下几点。

## 1. 选用新种子

柴胡种子寿命仅为一年，陈种子几乎丧失发芽能力。应选用成熟度好、籽粒饱满的新种进行播种。

## 2. 适时早播种

根据北方春旱夏涝的气候特点，应适时早播，即在雨季来临之前的6月中下旬至7月上旬播种。播在雨头，出在雨尾。

## 3. 造　墒

于遮阴播种之前造好墒，趁墒播种，而且播后应覆盖遮阳物，保持土壤湿润达20天以上；如果没有水浇条件，则应利用雨季与高秆作物套作，保证出苗。

## 4. 增加播种量

根据近年实践，当年种子的亩用量2.5～3.5千克，多者可达4～5千克。

### 5. 浅播浅覆土

柴胡种粒极小，芽苗顶土力弱。播种宜浅不宜深，开沟 0.5～1 厘米，撒入种子，浅盖土，镇压即可，如果是机械播种，一定要调节好深浅，切不可覆土过深。

### 6. 科学处理种子

柴胡种子有生理性后熟现象，休眠期时间长，出苗时间长。打破种子休眠，提高种子出苗率的种子处理方法有：机械磨损种皮、药剂处理、湿水沙藏、激素处理及射线等，但是生产上常用前三种处理。机械磨损种皮是利用简易机械或人工搓种，吸水出苗提早；药剂处理，用 0.8%～1%高锰酸钾溶液浸种 15 分钟，可提高发芽率 15%；湿水沙藏，用 40℃温水浸种 1 天，捞出与 3 份湿沙混合，20～25℃催芽 10 天，少部分种子裂口时播种。

## 七、柴胡繁种田管理技术要点

柴胡繁种田除按常规生产田管理之外，还应把好以下几点。

### 1. 选好地块

柴胡为异花授粉植物，繁种田，首先必须选择隔离条件较好的地块，一般与柴胡种植田块隔离距离不少于 1 千米；其次要选择地势高燥、肥力均匀、土质良好、排灌方便、不重茬、不迎茬、不易受周围环境影响和损坏的地块。

### 2. 去杂去劣

在苗期、拔节期、花果期、成熟收获期要根据品种的典型性严格拔除杂株、病株、劣株。

### 3. 防治病虫

①及时防治苗期蚜虫，繁种田的柴胡，一般是二年生柴胡，早春蚜虫为害严重，应选用吡虫啉、灭蚜威及时防治。②在雨季来临、开花现蕾之前，也是柴胡根茎发生茎基腐病时期，应及时选用扑海因、多菌灵进行喷雾或田间泼洒防治。③柴胡开花期是各种害虫为害盛期，赤条蝽、卷蛾幼虫、螟蛾幼虫发生为害猖獗，应及时选用高效氯氰菊酯、阿维菌素等杀虫剂进行防治。

### 4. 严防混杂

播种机械及收获机械要清理干净，严防机械混杂；收获时要单收单脱离，专场晾晒，严防收获混杂。

## 八、柴胡的主要害虫防治

### 1. 螟蛾

幼虫取食北柴胡叶片和花蕾，常吐丝缀，叶成纵苞或将花絮纵卷成茧状，潜在其内取食为害，严重影响植株开花结实。6月初田间发现为害，幼虫为害盛期在7月下旬至8月上旬。防治方法如下。

农业防治：采取抽薹后开花前及时割除地上部的茎叶，并集中带出田外的方法；如采虫量较少，可以人工捕捉。

药剂防治：选用高效低毒低残留的4.5%高效氯氰菊酯乳油1000倍液，或50%辛硫磷乳油1000倍液等喷雾。

### 2. 卷叶蛾

幼虫取食刚抽薹现蕾的北柴胡嫩尖。防治方法如下。

农业防治：采取抽薹后开花前及时割除地上部的茎叶，集中带出田外的方法。

药剂防治：选用高效低毒低残留的4.5%高效氯氰菊酯乳油1000倍液，或1%甲氨基阿维菌素加乳油2000倍液等喷雾。

### 3. 赤条蝽

以若虫、成虫为害北柴胡的嫩叶和花蕾造成梢株生长衰弱、枯萎，花蕾败育。种子减产。防治方法如下。

农业防治：冬季清除北柴胡种植田周围的枯枝落叶及杂草，沤肥或烧掉。消灭部分越冬成虫。

药剂防治：在成虫和若虫为害盛期，当田间虫株率达到30%时，选用4.5%高效氯氰菊酯乳油1500倍液，1%甲氨基阿维菌家乳油2000倍液等喷雾防治。

### 4. 蚜虫

以成、若虫为害植株嫩尖和叶片，造成叶片卷曲、生长减缓、萎蔫变黄；并且可以传播病毒病，造成北柴胡丛矮、叶黄缩、早衰、局部成片干枯死亡。防治方法如下。

农业防治：清除田间残枝腐叶，集中销毁。

药剂防治：10%吡虫啉可湿性粉剂1000倍液，或4.5%高效氯氰菊酯乳油1000倍液，或3%啶虫脒乳油1000倍液等喷雾防治。

## 九、柴胡的主要病害防治

### 1. 根腐病

多发生于二年生植株。初感染于根的上部，病斑灰褐色，逐渐蔓延至全根，使根腐烂，严重时成片死亡。高温多雨季节发病严重。防治方法如下。

农业防治：忌连作，与禾本科作物轮作；使用充分腐熟的农家肥，增施磷钾肥，少用氮肥，促进植株生长健壮，增强抗病能力；注意排水。

药剂防治：发病初期用 50%多菌灵或甲基硫菌灵（70%甲基托布津可湿性粉剂）500～800 倍液或 80%代森锰锌络合物可湿性粉剂 800 倍液或 30%噁霉灵、25%咪鲜胺按 1：1 复配 1000 倍液或用 10 亿活芽孢/克枯草芽孢杆菌 500 倍液灌根，7 天喷灌 1 次，喷灌 3 次以上。

### 2. 锈病

主要为害叶片。感病叶背和叶基有锈黄色病斑，破裂后有黄色粉末。被害部位造成穿孔。防治方法如下。

农业防治：清洁田园消灭病株残体和田间杂草。

药剂防治：开花前喷施 20%三唑酮乳油 1000 倍液，或 25%戊唑醇可湿性粉剂 1500 倍液，或 12.5%的烯唑醇 1500 倍液，或 25%丙环唑乳油 2500 倍液，或 40%氟硅唑乳油 5000 倍液等喷雾防治。

### 3. 斑枯病

主要为害茎叶。茎叶上病斑近圆形或椭圆形，直径 1～3 毫米，灰白色，边缘颜色较深，上生黑色小点。发病严重时，病斑汇聚连片，叶片枯死。防治方法如下。

农业防治：入冬前彻底清园，及时清除病株残体并集中烧毁或深埋；加强田间管理，及时中耕除草，合理施肥与灌水，雨后及时排水。

药剂防治：发病初期用 80%大生（络合态代森锰锌）可湿性粉剂 800 倍液，或 25%嘧菌酯悬浮剂 1500 倍液，或 40%咯菌腈可湿性粉剂 3000 倍液等喷雾防治。

## 十、柴胡采收和初加工

柴胡一般在春、秋季采收。采收时，先顺垄挖出根部。留芦头 0.5～1 厘米，剪去干枯茎叶，晾至半干，剔除杂质及虫蛀、霉变的柴胡根，然后分级捋顺捆成 0.5 千克的小把，再晒干。分级标准：直径 0.5 厘米以上，长 25 厘米以上为一级；直径 0.2～0.4 厘米，长 20 厘米为二级；直径 0.2 厘米，长 18 厘米为三级。

# 第二十五章

# 赤芍栽培技术

## 一、生态环境

野生芍药主要分布于北方海拔 1000～
1500 米的山坡、谷地、灌木丛、深草丛、林
下、林缘及草原的天然植物群落中。川赤芍
主要生长在海拔 1400 米以上的高山、峡谷。
喜气候温和、阳光充足、雨水适量的环境，
耐干旱，抗寒能力较强，也耐高温。雨水过
多或土壤积水不利于其生长，水淹 6 小时以
上植株则死亡，对土壤要求不严，以土质肥
沃、土层深厚、疏松、排水良好的沙质壤土
为好，pH 值中性、稍偏碱性均可。植株见图
25-1。

**图 25-1　植株**

## 二、适宜区与最适宜区

芍药分布于我国东北、华北、西南以及陕西和甘肃南部等地。内蒙古、吉
林、黑龙江、辽宁、河北、山西、新疆、宁夏、甘肃、青海等地均适宜其生
产。内蒙古多伦、辽宁凤城和河北赤城是其最适宜区。川赤芍分布于四川西
部、云南西北部、西藏东南、青海东部、甘肃、陕两南部、山西，这些地区均
适宜其生产，其中青藏高原边缘地带的四川阿坝和甘孜是其最适宜区。

## 三、生物学特性

种子需要经过低温条件，才能打破胚的休眠而发芽。秋播后经过越冬低温
条件，翌春才能出苗。为多年生宿根植物，2—3 月露芽出苗，4—6 月进入生
长盛期，5—7 月开花，9 月左右种子成熟，根部此时生长最快，有效成分的积
累也在此阶段达到高峰。此后，地上部分枯萎，植株进入休眠期。

## 四、育种技术

主要有种子繁殖和芽头繁殖两种繁殖方式，主要采用芽头繁殖。

### 1. 种子繁殖

待种子成熟后采种，采种后不能干燥，否则发芽力即丧失；立即播种，贮藏时间不能超过 1 个月。在畦面开横沟，行距 20～25 厘米，沟宽 10 厘米左右，深 5～7 厘米，将种子均匀播种，覆土与畦面平，稍加镇压，面上可盖一层厩肥，以保种子越冬。过于寒冷地区，畦面可盖稻草，翌年春天出苗后揭去。苗期勤除草施肥，在苗圃培育 2～3 年，才可出圃定植。由于种子繁殖生产周期长，一般要 5 年以上才能收获，所以生产上多不采用。

### 2. 芽头繁殖

芽头的选择。采挖的根，先切下芽头以下的粗根作药用，将芽头按自然生长形状切开，每块具有 2～3 个芽头，厚 2～3 厘米，多余的切除，然后直接将切块栽种于土内。如果需要贮藏，不要切块，将整个芦头埋于湿沙内即可。

芽头栽种。栽种时间 8—10 月，过晚则芍芽会发新根，栽种时易断。并且气温降低后，在土内生根慢，影响翌年的生长。

## 五、栽培技术

以根入药，入土深；栽植前整地要求精耕细作，四周均要开好排水沟。栽植时间 8—10 月，四川采用芽头直接种植，这样可缩短种植年限，有利于土地周转。

### 1. 大垅栽培

在垅上开沟，间距 30 厘米，芽头朝上用少量土固定芽头后，施入腐熟厩肥、饼肥，覆土后稍加镇压。

### 2. 畦面开穴种植

行株距因地而异，可以采用 60 厘米×40 厘米、50 厘米×50 厘米、50 厘米×30 厘米不等，适当合理密植，亩栽 4000～4500 株，以提高土地利用率，增加产量。一般 1 亩芍药根头，可栽种 3～5 亩芍药。

## 六、田间管理

### 1. 中耕除草

1～2 年生的幼苗，生长缓慢，易滋生杂草，除草要勤。由于此阶段根纤细，入土浅，松土宜浅。第 3、4 年除草次数渐减少，每年 2～3 次，主要于春、夏季进行。

### 2. 追　肥

于栽种第二年起，每年追肥 3～4 次，于每次中耕除草后进行，到生长旺季，加施饼肥；根部生长旺季，要加施磷钾肥，冬季地上部分枯萎后，追施腊肥，既可增加肥力，又可保温，主要施放土杂肥、厩肥、饼肥、磷钾肥、火灰等混合肥。

### 3. 培土与灌溉

每年冬季地上部分枯萎后进行清园，结合施腊肥，冬耕培土 1 次，以保证安全越冬；夏季高温天气，适当培土防旱，并浇水灌溉；雨季要加强清沟排水，防止水涝。在开春后，把根际培土扒开，露出根的上半部晾晒一周左右，再覆土盖严，使须根蔫死，主根生长。

### 4. 摘　蕾

除留种外，其余植株在现蕾时摘除全部花蕾，以免消耗养分，不利于根的生长。

## 七、病虫害防治

### 1. 病　害

**（1）灰霉病**

为害茎、叶、花等部位。防治方法：冬季清洁田园，集中烧毁残枝枯叶；轮作；多雨季节及时排水，改善田间透风条件；发病初期喷施 1∶1∶100 的波尔多液，每 7～10 天喷 1 次，直到清除为止。

**（2）叶斑病**

为害叶片，夏秋季发生。防治方法：发病初期喷 1∶1∶100 的波尔多液，或 800～1000 倍代森锰锌溶液，每隔 7 天喷 1 次，直到清除为止。

**（3）锈病**

为害叶片，5 月上旬开花后发生，7—8 月发病严重。防治方法：种植地附近不宜有松柏类植物；冬季清洁田园，集中烧毁病残株；发病初期喷施波美 0.3～0.4 度石硫合剂或萎锈灵 500 倍液。

**（4）红斑病**

为害叶片和绿色茎。防治方法：剪除病枝残叶；增施有机肥和磷钾肥；在芍药发芽后至 4 月下旬开花前，喷 50%甲基托布津 1000 倍液，或 65%代森锰锌 500 倍液,每隔 10 天喷 1 次,连喷 2～3 次。

**(5) 软腐病**

为害种芽,种芽堆藏期间和芍药加工过程中发生。防治方法:贮藏芍芽的河沙用 0.3%新洁尔灭溶液消毒后使用;种芽用 1%福尔马林或波美 5 度石硫合剂喷洒消毒;芍药加工时注意防止霉烂。

**(6) 褐斑病**

为害叶片、叶柄和茎部,夏季发生。防治方法:加强田间管理,降低田间湿度,合理种植;发病初期,用波尔多液或 65%代森锰锌 500～600 倍液喷雾,每隔 7～10 天用药 1 次,直到 9 月为止。

## 2. 虫　害

主要有扁刺蛾、线虫、蛴螬、地老虎、蝼蛄等。扁刺蛾以幼虫蚕食叶片;蛴螬、地老虎、蝼蛄为害根部,造成伤口,引发软腐病。线虫系根结线虫,传播性强,对芍药为害比较严重。防治方法:扁刺蛾幼虫发生期可选用灭幼脲 3 号、辛硫磷等;线虫防治可用 30%的呋喃丹颗粒剂 25 克/平方米,于夏季多雨期均匀施于发生地块,后深锄 5～10 厘米;蛴螬在 7—8 月盛发期可用 30%的呋喃丹或 50%辛硫磷颗粒剂或甲基异柳磷水剂,与有机肥或沙土混合成毒饵,均匀撒施,然后深锄即可;地老虎、蝼蛄等按照常规方法防治。

# 八、采收加工

## 1. 采　收

种子繁殖的赤芍,5 年后采收;芽头繁殖者,4 年采收 8—9 月为最佳采收期,此时地下根条肥壮、皮宽、粉足、有效成分积累最多。选择晴天开挖,先割去地上部分,小心挖出全根,抖去泥土,切下芍药根加工,留下芦头作种用。

## 2. 加　工

除去地上部分及泥土,洗净摊开晾晒至半干,再捆成小捆,晒至足干。按粗细长短分开,捆成把即可。

## 3. 炮　制

赤芍除去杂质,分开大小,洗净,润透,切厚片,干燥。成品为类圆形切片,外表皮棕褐色。切面粉白色或粉红色,有的有裂隙。

炒赤芍取赤芍片置锅内,用文火加热,炒至颜色加深,偶有焦斑,取出放凉。成品形如赤芍片，色泽加深。

### 4. 贮　藏

阴凉通风干燥处。

### 5. 产销情况

主产于内蒙古、华北和东北等地。多年来产销基本平衡，销往省内及全国各地，并为传统出口商品。

### 6. 药材性状

呈圆柱形，稍弯曲，长5～40厘米，直径0.5～3厘米。表面棕褐色，粗糙，有纵沟和皱纹（图25-2），并有须根痕和横长的皮孔样突起；有的外皮易脱落。质硬而脆，易折断，断面粉红色或粉白色，皮部窄，木部放射状纹理明显，有的有裂隙。气微香，味微苦、酸涩。

图 25-2　药材

以根粗壮、外皮易脱落、菊花心明显、断面粉白色、粉性大者为佳。

饮片为类圆形切片，外表皮棕褐色。切面粉白色或粉红色，皮部窄，木部放射状纹理明显，有的有裂隙。

### 7. 商品规格

商品药材分为一、二等及统装。

一等干货。圆柱形，稍弯曲，外表有纵沟或皱纹，皮较粗糙，表面暗棕色或紫褐色。体轻质脆，断面粉白色或粉红色，粉性足。气特异，味微苦酸。长16厘米以上。两端粗细较均匀，中部直径1.2厘米以上。无疙瘩头、空心、须根、杂质、虫蛀、霉变。

二等长15.9厘米以下，中部直径0.5厘米以上，其余同一等。

# 第二十六章
# 芍药栽培技术

# 一、芍药药用价值

芍药为毛茛科，属多年生草本植物，以干燥的根入药，根据加工方法的不同，药材名分为白芍和赤芍两种。采挖后除去根茎、须根及泥沙后，晒干，即得赤芍；采收洗净后，除去头尾和细根，置沸水中除去外皮或去外皮后再煮。晒干，即得白芍。白芍味苦、酸，性微寒，归肝、脾经；具有养血调经、敛阴止汗、柔肝止痛、平抑肝阳的功效。用于血虚萎黄、月经不调、自汗、盗汗、胁痛、腹痛、四肢痉挛、头晕目眩。赤芍味苦、微寒；归肝经。具有清热凉血、散瘀止痛的功效。用于热入营血、温毒发斑、吐血衄血、目赤肿痛，肝郁胁痛、经闭痛经、腹痛、跌扑损伤、痈肿疮疡。

# 二、芍药生产中的品种类型

临床应用中多用白芍，赤芍使用较少。白芍是我国传统常用中药材品种之一，国内外市场需求量大。主产于安徽、浙江、四川，各个地区又有各自的品种类型。产于浙江杭州的称"杭白芍"，产于四川中江地区的称"川白芍"或"中江白芍"。此外，江苏、山东、河南、江西、湖南、贵州、陕西、河北等省也有栽培。

# 三、种植芍药如何选地与整地

## 1. 选　地

要求土壤疏松、肥沃，土层较深厚，排水良好，以沙质壤土、夹沙黄泥土或淤积泥沙壤土为好，盐碱地不宜栽种，忌连作，可与紫菀、红花、菊花、豆科作物轮作。

## 2. 整　地

将土地深翻 40 厘米以上，整细耙平，施足基肥（施入适量腐熟的厩肥或堆肥 2000～2500 千克/亩）。播前再浅耕一次，四周开排水沟。在便于排水的地块采用平畦（种后呈垄状），排水较差的地块采用高畦，畦面宽约 15 米，畦高 17～20 厘米。

## 四、芍药的繁殖方式

芍药的繁殖方式有分根繁殖、种子繁殖和芍头繁殖。繁殖以分株为主，方法简便易行，应用广泛。种子繁殖多用于育种及培养根砧。

### 1. 分根繁殖

选择笔杆粗细的芍根，按其芽和根的自然形状切分成 2~4 株，每株留芽和根 1~2 个，根长宜 18~22 厘米，剪去过长的根和侧根，供栽种用。刀口处涂抹少许木炭粉末，以防腐烂。每亩用种根 100~120 千克。芍药母株如多年不分株，就会枯朽，逐渐转向衰败。生产实践证明，芍药分株必须在秋季进行，春季分株不仅成活率低，而且以后长势也弱，开花时间延后。

### 2. 种子繁殖

8 月中下旬，采集成熟而籽粒饱满的种子，随采随播，若暂不播种，应立即用湿润黄沙（1 份种子，3 份沙）混拌贮藏阴凉通风处，至 9 月中、下旬播种。播种可采用条播法，按行距 20~25 厘米开沟，沟深 3~5 厘米，将种子均匀地撒入沟内，覆土 1~2 厘米，稍镇压。翌年 4 月上旬，幼苗出土时，及时揭去盖草，以利幼苗生长。由于采用种子繁殖的方式，苗株需要 2~3 年才能进行定植，生长周期长，故生产上应用较少。每亩用种量 30~40 千克。

### 3. 芍头繁殖

在收获芍药时，切下根部加工成药材。选取形体粗壮，芽苞饱满，色泽鲜艳，无病虫的芽头作繁殖用。切下的芽头以留有 4~6 厘米的根为好，过短难以吸收土壤中的养分，过长影响主根的生长。然后按芍头的大小、芽苞的多少，顺其自然用不锈钢刀切成 2~4 块，每块有 2~3 个芽苞。将切下的芍头置室内晾干切口，便可种植，每亩栽芍头 2500 株左右。若不能及时栽种，也可暂时沙藏或窖藏。

## 五、芍头应当如何贮藏

生产上芍头多采用沙藏的办法。具体的贮藏方法如下：选平坦高燥处，挖宽 70 厘米、深 20 厘米的坑，长度视芍头的多少而定，坑的底层放 6 厘米厚的沙土，然后放上一层芍头，芽苞朝上，再盖一层沙土，厚 5~10 厘米，芽苞露出土面，之后需经常检查贮藏情况，以保持沙土不干燥为原则。

## 六、芍药栽植的时间和方法

春栽一般在 3 月下旬至 4 月中旬，秋栽一般宜在 10 月下旬至 11 月上旬。按行距 40～50 厘米，株距 30～40 厘米。用芍头种，开浅平穴，每穴种芍头 2 个，摆放于穴内，相距 4 厘米，切向朝下，覆土 8～10 厘米，做成馒头状或垄状。

## 七、芍药的田间管理技术

### 1. 中耕除草

早春松土保墒。芍药出苗后每年中耕除草和培土 3～4 次。10 月下旬，在离地面 5～7 厘米处割去茎叶，并在根际周围培土 10～15 厘米，以利越冬。

### 2. 施　肥

芍药喜欢肥沃的土壤，除施足基肥外，栽后 1～2 年要结合田间套种进行追肥，第 3 年芍药进入旺盛生长期，肥水的需要量相对增加。一般每年不少于 2 次：第 1 次在 3 月齐苗后，结合浇水施尿素 20 千克/亩，饼肥 25 千克/亩；第 2 次于 8 月，施复合肥 30 千克/亩；第 4 年在春季追肥 1 次即可，追施高磷复合肥 50～75 千克/亩。

### 3. 排　灌

芍药喜旱怕水，通常不需灌溉。严重干旱时，宜在傍晚浇水。多雨季节应及时排水，防止烂根。

### 4. 摘　蕾

为了减少养分损耗，每年春季（一般在 4 月下旬）现蕾时应及时将花蕾全部摘除，以促使根部肥大。

### 5. 培　土

一般在 10 月下旬土壤封冻前，在离地面 6～9 厘米处，把白芍地上部分枯萎的枝叶剪去，并在根际处进行培土，土厚 10～15 厘米，以保护芍芽安全越冬。

## 八、芍药的常见病害及其防治方法

### 1. 芍药灰霉病

受害叶部病斑褐色，近圆形，有不规则轮纹；茎上病斑菱形，紫褐色，软腐后植株倒伏；花受害后变为褐色并软腐，其上有一层灰色霉状物，高温多雨时发病严重。防治方法如下。

农业防治：选用无病的种栽，合理密植，加强田间通风透光，清除被害枝叶，集中烧毁；忌连作，宜与玉米、高粱、豆类作物轮作。

药剂防治：栽种前用6%满适金种衣剂1500倍或50%卉友（咯菌腈）可湿性粉剂3000倍液浸泡芍头和种根10～15分钟后再下种，发病初期，50%卉友（咯菌腈）可湿性粉剂4000～6000倍喷雾，70%灰霉速克60克/苗，50%速克灵可湿性粉剂（腐霉利），50%灭霉灵（福·异菌脲）1500～2000倍液，每7～10天1次，交替连喷3～4次。

### 2. 芍药锈病

初期在叶背出现黄褐色斑点，后期在灰褐色斑背面出现暗褐色粉状物。防治方法如下。

农业防治：清除残株病叶或集中烧毁，以消灭越冬的病原菌。

药剂防治：发病时用25%戊唑醇可湿性粉剂1500倍液，或12.5%的烯唑醇1500倍液，或25%丙环唑乳油2500倍液，或40%氟硅唑乳油5000倍液等喷雾防治。

### 3. 芍药叶斑病

发病初期，叶正面呈现褐色近圆形病斑，后逐渐扩大，呈同心轮纹状，后期叶上病斑散生，圆形或半圆形。直径2～20毫米，褐色至黑褐色，有明显的密集轮纹，边缘有时不明显。天气潮湿时，病斑背面产生黑绿色霉层。严重时叶片枯黄、焦枯，生长势衰弱，提早脱落。防治方法如下。

农业防治：发现病叶，及时剪除，防止再次侵染为害。秋冬彻底清除病残体，集中烧毁，减少次年初侵染源。

药剂防治：喷药最好在发病前或发病初期，常用药剂可选70%甲基托布津可湿性粉剂800倍液，或50%多菌灵可湿性粉剂600倍液，或50%苯菌灵可湿性粉剂1000倍液或80%代森锰锌可湿性粉剂800倍液，或25%醚菌酯悬浮剂1500倍液等喷雾，药剂应轮换使用，每7～10天喷1次，连续2～3次。

## 九、芍药主要虫害的防治方法

### 1. 蛴　螬

为金龟甲的幼虫。主要咬芍根，造成芍根凹凸不平的孔洞。防治方法如下。

农业防治：冬前将栽种地块深耕多耙、杀伤虫源，减少幼虫的越冬基数。

物理防治：利用黑光灯诱杀成虫。

生物防治：90 亿/克球孢白僵菌油悬浮剂 500 倍生物制剂。

药剂防治：毒土，每亩用 50%辛硫磷乳油 0.25 千克与 80%敌敌畏乳油 0.25 千克（1∶1）混合，拌细土 30 千克。均匀撒施田间后浇水，提高药效。或用 3%辛硫磷颗粒剂 3～4 千克混合细沙土 10 千克制成药土，在播种或栽植时撒施。毒饵防治，用 90%晶体敌百虫粉剂 5 克对水 1～1.5 千克，拌入炒香的麦麸或饼糁 2.5～3 千克，或拌入切碎的鲜草 10 千克配备毒饵，或用 80%敌百虫可湿性粉剂 10 克加水 1.5～2 千克，拌炒过的麸皮 5 千克，于傍晚时撒于田间诱杀幼虫。药液浇灌防治，在幼虫发生期用 50%辛硫磷或用 90%敌百虫晶体乳油 800～1000 倍液等浇灌或灌根。

**2. 蚜　虫**

物理防治：采用黄板诱杀法，在翅蚜发生初期，可采用市场出售的商品黄板，每亩 30～40 块。

生物防治：前期蚜量少时可以利用瓢虫等天敌，进行自然校制，无翅蚜发生初期，用 0.3%苦参味乳剂 800～1000 倍液，或天然除虫菊素 2000 倍液等植物源杀虫剂喷雾防治。

药剂防治：用 10%吡虫啉可湿性粉剂 1000 倍液，或 3%啶虫脒乳油 1500 倍液，或 2.5%联苯菊酯乳油 3000 倍液，4.5%高效氯氢菊酯乳油 1500 倍，或 50%辟蚜雾 2000～3000 倍液，或 50%吡蚜酮 2000 倍液，或 25%噻虫嗪水分散粒剂 5000 倍液，或 50%烯啶虫胺 4000 倍液或其他有效药剂，交替喷雾防治。

**3. 地老虎**

除进行人工捕捉外，发生严重地块，可用鲜菜或青草毒饵防治，方法是鲜蔬菜或青草∶熟玉米面∶糖∶酒∶敌百虫，按 10∶1∶0.5∶0.3∶0.3 的比例混拌均匀，晴天傍晚撒与田间即可。

**4. 金针虫**

主要以成虫在土壤中潜伏越冬，次年春季开始活动，4 月中旬开始产卵。以幼虫咬食芍药幼苗、幼芽和根部，使芍药伤口染病而造成严重损失。防治方法：种植前要深翻多耙，夏季翻耕暴晒、冬季耕后冷冻都能消灭部分虫蛹，也可用 50%辛硫磷 800 倍液喷洒于土中或浇灌芍药根部。

## 十、如何正确地采收芍药

芍药一般种植3~4年后采收，以9月中旬至10月上旬为宜，过早过迟都会影响产量和质量。采收时，宜选择晴天割去茎叶，先掘起主根两侧泥土，再掘尾部泥土，挖出全根，起挖中务必小心，谨防伤根。

对不同粗细的芍药根进行研究发现，芍药苷的含量并没有随着直径的增加而提高，而越细的根中芍药苷含量反而较高。可见在进行芍药根采收时，不可盲目收集粗根，造成资源浪费，对于无病虫害的相对细的根同样可以采收。

# 十一、芍药的留种技术

### 1. 芍头繁殖法

芍药收获时，选取形体粗壮，芽苞饱满，色泽鲜艳，无病虫害的芍药全根，切下含芽苞在内长约4~6厘米的根部（切下的主报部分加工成药材），按每块芍头有2~3个芽苞。用不锈钢刀切成若干块，然后将切下的芍头置室内晾干切口，或在切口处蘸些干石灰，使切口干燥用沙藏法（参见芍头繁殖法）贮藏于窖内或室内，储备至9月下旬—10月上旬取出栽种。每亩需用芍头2500块左右。

### 2. 芍根繁殖法

参见芍头繁殖法留种技术。每亩用芍根100~120千克。

### 3. 种子繁殖法

7月下旬—8月上旬，收获成熟的芍药果实放室内阴凉处堆放10~15天，边脱粒边播种，播种后盖草保湿、保温。种子的寿命约为1年。

# 十二、芍药的加工方法

### 1. 传统白芍加工法

将芍根分成大、中、小三级，分别放入沸水中大火煮沸5~15分钟，并不时上下翻动，待芍根表皮发白、有气时，折断芍根能掐动切面已透心时，迅速捞出放入冷水内浸泡20分钟。然后手工用竹签、刀片等刮去褐色的表皮放在日光下晒制。

## 2. 生晒芍加工法

有全去皮、部分去皮和连皮 3 种规格。全去皮：即不经煮烫，直接刮去外皮晒干；部分去皮：即在每枝芍条上刮 3～4 刀皮；连皮：即采挖后，去掉须根，洗净泥土，直接晒干。当地药农和科研单位认为去皮与部分去皮的白芍应在晴天上午 9 点至下午 3 点进行比较好，用竹刀或玻璃片刮皮或部分刮皮，晒干即得。

# 第二十七章

# 射干栽培技术

## 一、射干药用价值

射干为鸢尾科植物射干的干燥根茎。

射干味苦，性寒，归肺经，具有清热解毒、祛痰利咽之功效。用于热毒痰火郁结、咽喉肿痛、肺痈、痰咳气喘等症，为治疗喉痹咽痛之要药，现临床用于治疗呼吸系统疾患，如上呼吸道感染、急慢性咽炎、慢性鼻窦炎、支气管炎、哮喘、肺气肿、肺心病而见咽喉肿痛和痰盛咳喘者，射干还在治疗慢性胃炎、高敏高疸急性肝炎、伤科创面感染、足癣、阳痿等其他系统和皮肤疾患方面有较好疗效。

此外，在治疗禽病如鸭瘟、鸡传染性喉气管炎、喉炎等方面，射干与其他抗病毒、清热解毒药及饲料共用，效果良好。现代研究，还发现射干可用于美发、护肤等产品，对常见的致病性皮肤癣有抑制作用。射干不仅是我国中医传统用药，也是韩国、日本传统医学的常用药。近年来，国内外，尤其是在日本对其化学成分、药理及开发利用进行了大量深入研究，并以射干提取物为主要原料开发了多种药品。射干除其根茎供药用外，也是一种观赏植物，需求量逐年增加，其价格也在波动中不断攀升。

## 二、种植射干如何选地和整地

射干适应性强，对环境要求不严，喜温暖，耐寒、耐旱，在气温-17℃地区可自然越冬。一般山坡、田边、路边、地头均可种植。但以向阳、肥沃、疏松，地势较高、排水良好的中性土壤为宜，低洼积水地不宜种植。种植时宜选择地势较高、排水良好、疏松肥沃的黄沙地。每亩用腐熟有机肥3000千克，复合肥50千克，结合耕地翻入土中，耕平耙细，做畦。

## 三、射干繁殖方式

射干繁殖方式有种子繁殖、根茎繁殖、扦插繁殖三种方式，生产上多采用种子繁殖。

### 1. 种子繁殖

种子采收：射干播种后二年或移栽当年即可开花。当果实变为绿黄色或黄色、果实略开时采收。果期较长，分批采收，集中晒至种子脱出，除去杂质，沙藏、干藏或及时播种。

种子处理：射干种子外包一层黑色有光泽且坚硬的假种皮，内还有一层胶状物质。通透性差，较难发芽。因而需对种子进行处理。播前 1 个月取出，用清水浸泡 1 周，期间换水 3～4 次，并加入 1/3 细沙搓揉，1 周后捞出，淋干水分，20～23 天后取出，春播或秋播。

播种：育苗田，按行距 10～15 厘米，深 3 厘米，宽 8 厘米，开沟播种，播后 25 天可出苗。直播田，在备好的畦面上，按行距 30 厘米播种，亩用种量 6 千克，稍镇压、浇水，约 25 天出苗，生产上一般多采用直播。

移栽：育苗 1 年后，当苗高 20 厘米时定植。选阴天，按行距 30 厘米，株距 20 厘米开穴，每穴栽苗 1～2 株，栽后浇定根水。

### 2. 根茎繁殖

春季或秋季，挖取射干根茎，切成若干小段，每段带 1～2 个芽眼和部分须根，置于通风处，待其伤口愈合后栽种。栽种时，在备好的畦面上，按株行距 20 厘米×25 厘米开穴，穴内放腐殖土或土杂肥，与穴土拌匀，每穴栽入 1～2 段，芽眼朝上，覆土压实，浇水保湿。

### 3. 扦插繁殖

剪取花后的地上部分，剪去叶片，切成小段，每段须有 2 个茎节，待两端切口稍干后，插于穴内，穴距与分株繁殖相同，覆土后浇水，并须稍加荫蔽，成活后，追 1 次稀肥，扦插成活的植株，当年生长缓慢，第 2 年即可正常生长，扦插也可在苗床进行，成活后再移栽大田。

## 四、如何防治射干育苗田内的杂草

射干种子育苗一般分春秋两季。种子育苗是射干繁殖的主要方式，但由于射干种子出苗时间长，田间杂草防除就成为关键措施。

### 1. 春季育苗

一般要求有一定的水浇条件，在清明前后进行。育苗时，应先浇地造墒，然后按行距 10～15 厘米，深 3 厘米，宽 8 厘米，开沟播种。播后 20～25 天种子已开始发芽，但尚未出苗前，每亩用 12%草甘膦水剂 250～300 毫升对水 50 千克喷雾进行封地灭草。出苗后当射干苗已达到 5～7 片叶时，如田间杂草较多，亩用 40%使可闲（含 16%乙丙草胺、24%莠去津）水剂 250 克，对水 30 千克喷雾，或亩用 24%烟硝莠去津 180 克，对水 50 千克喷雾。

## 2. 秋季育苗

一般在秋作物田间进行，育苗时应先进行田间人工中耕除草，如采用化学除草，时间间隔最少需 1 个月。育苗一般在 7 月上中旬进行，育苗时，在秋作物行间按行距 10～15 厘米，深 3 厘米，宽 8 厘米，开沟播种。出苗后及时进行人工除草，秋作物收获后，视田间杂草密度和种类，每亩用 10%苯磺隆 30克，对水 30 千克进行射干育苗田间杂草的春草秋治。

# 五、射干的田间管理技术要点

## 1. 间苗、定苗、补苗

间苗时除去过密瘦弱和有病虫的幼苗，选留生长健壮的植株。间苗宜早不宜迟，一般间苗 2 次，最后在苗高 10 厘米时进行定苗，每穴留苗 1～2 株。对缺苗处进行补苗，大田补苗和间苗同时进行，选阴天或晴天傍晚进行，带土补栽，浇足定根水。每亩定植 1.2 万～1.5 万株。

## 2. 中耕除草

春季勤除草和松土，6 月封垄后不再除草松土，在根际培土防止倒伏。

## 3. 浇水、排水

幼苗期保持土壤湿润，除苗期、定植期外，不浇或少浇水。对于低洼容易积水地块，应注意排水。

## 4. 追　肥

栽植第二年，于早春在行间开沟，亩施腐熟农家肥 2000 千克，或饼肥 50千克，或过磷酸钙 25 千克。

## 5. 摘薹打顶

除留种田外，于每年 7 月上旬及时摘薹。

# 六、射干的病害防治

射干的主要病害是锈病、叶枯病和射干花叶病。

## 1. 锈　病

幼苗和成株均有发生，为害叶片，发病后呈褐色隆起的锈斑。防治方法如下。

农业防治：秋后清理田园，除净带病的枯枝落叶，消灭越冬菌源。增施磷钾肥。促使植株生长健壮，提高抗病力。

生物防治：预计临发病前用2%农抗120水剂或1%武夷霉素水剂150倍液喷雾，7～10天喷1次，视病情掌握喷药次数。

药剂防治：临发病之前或发病初期用50%多菌灵可湿性粉剂500～800倍液，或70%甲基托布津可湿性粉剂1000倍液喷雾保护性防治。发病后用戊唑醇（25%金海可湿性粉剂）或15%三唑酮可湿性粉剂1000倍液喷雾。一般7～10天喷1次，视病情掌握喷药次数。

### 2. 叶枯病

初期病斑发生在叶尖缘部，形成褪绿色黄色斑，呈扇面状扩展，扩展病斑黄褐色；后期病斑干枯，在潮湿条件下出现灰褐色霉斑。防治方法如下。

农业防治：秋后清理田园，除净带病的枯枝落叶，消灭越冬菌源。

药剂防治：在发病初期用50%多菌灵可湿性粉剂600倍液，或70%甲基托布津湿性粉剂1000倍液、75%代森锰锌络合物800倍液、异菌脲（50%朴海因）可湿性粉剂800倍液等喷雾防治。每隔7～10天喷1次，一般连喷2～3次。

### 3. 射干花叶病

主要表现在叶片上，产生褪绿条纹花叶、斑驳及皱缩。有时芽鞘地下白色部分也有浅蓝色或淡黄色条纹出现。防治方法如下。

农业防治：种子处理，播种前用10%磷酸钠水溶液浸种20～30分钟；消灭毒源，田间及早灭蚜，发现病株及时拔除并销毁。

药剂防治：在用吡虫啉、啶虫脒等化学药剂或苦参碱，除虫菊素等植物源药剂控制蚜虫为害不能传毒的基础上，预计临发病之前喷施混合脂肪酸（NS83增抗剂）100倍液，或盐酸吗啉胍+乙酮（2.5%病毒A）水剂400倍液、三十烷醇+硫酸铜+十二基硫酸钠（1.5%植病灵）400倍液喷雾或灌根，预防性控制病毒病发生，可缓解症状和控制蔓延。

## 七、如何防治射干的虫害

### 1. 射干钻心虫

又名环斑蚀夜蛾，以幼虫为害叶鞘、嫩心叶和茎基部，造成射干叶片枯黄，有的从植株茎基部被咬断，地下根状茎被害后引起腐烂，最后只剩空壳。防治方法如下。

农业防治：收刨时，正是第四代钻心虫化蛹阶段和老熟幼虫阶段，把铲下的秧集中销毁，致使翌年成虫不能出土羽化，有效压低越冬基数；及时人工摘除一年生蕾及花，消灭大量幼虫。

物理防治：成虫期进行灯光诱杀。

药剂防治：移栽时用2%甲氨基阿维谢索苯甲酸盐1000倍液或25%噻虫嗪1000倍液浸根20～30分钟，晾干后栽种。钻心虫发生期，用1.8%阿维菌家乳油1000倍液或4.5%高效氯氰菊酯1000倍液喷洒在射干秧苗的心叶处，7天喷1次，防治2～3次。

### 2. 地老虎

又叫截虫，地蚕。防治方法如下。

物理防治：利用黑光灯诱杀成虫。

药剂防治：每亩用50%辛硫磷乳油0.5千克，加水8～10千克喷到炒过的40千克棉仁饼或麦麸上制成毒饵，于傍晚撒在秧苗周围和害虫活动场所进行毒饵诱杀；每亩用50%辛硫磷乳油0.5千克加适量水喷拌细土50千克，在翻耕地时撒施毒杀地老虎幼虫；50%辛硫磷乳油1000倍液，将喷雾器喷头去掉，喷杆直接对根部喷灌防治。

### 3. 蛴螬（金龟子）

农业防治：冬前将栽种地块深耕多耙，杀伤虫源、减少幼虫的越冬基数。

物理防治：用黑光灯诱杀成虫（金龟子），一般每50亩地安装1台灯。

生物防治：防治幼虫施用乳状菌和卵孢白僵菌等生物制剂，乳状菌每亩用1.5千克菌粉，卵孢白僵菌每平方米用$2.0×10^9$孢子。

药剂防治：用50%辛硫磷乳油0.25千克与80%敌敌畏乳油0.25千克混合后，对水2千克，喷拌细土30千克，或用5%毒死蜱颗粒剂，亩用0.6～0.9千克，兑细土25～30千克，或用3%辛硫磷颗粒剂3～4千克，混细沙土10千克制成药土。在播种或栽植时撒施，均匀撒施田间后浇水；或用50%辛硫磷乳油800倍液，将喷雾器喷头去掉，喷杆直接对根部，灌根防治幼虫。

## 八、射干的采收和产地初加工

射干以种子繁殖栽培的需3～4年才可采收，根茎繁殖的需2～3年收获。一般在春秋采收。春季在地上部分未出土前，秋季在地上部分枯萎后，选择晴天挖取地下根茎，除去须根及茎叶，抖去泥土，运回加工。

　　将除去茎叶、须根和泥土的新鲜根茎晒干或晒至半干时，放入铁丝筛中，用微火烤，边烤边翻，直至毛须烧净为止，再晒干即可。晒干或晒至半干时，也可立即用火燎去毛须，然后再晒，但火燎时速度要快，防止根茎被烧焦。

# 第二十八章
# 丹参栽培技术

## 一、丹参药用价值

丹参为唇形科鼠尾草属多年生草本药用植物，是大宗药材，主治心血管系统疾病，具活血祛瘀、消肿止痛、养血安神的功能。用于胸痹心痛、脘腹胁痛、热痹疼痛、心烦不眠、月经不调、痛经经闭、疮疡肿病。以丹参为原料生产的丹参片、复方丹参酊、冠心片、丹参丸、丹参注射液等中成药近百种，生产的剂有蜜丸、水丸、片剂、酒剂、冲剂、糖浆剂、注射剂等10多种，一系列对重大疾病有效的丹参新药的研制开发，使丹参用量不断增加，种植面积不断增大，已成为国内外市场上重要的药材之一。丹参在市场非常畅销，价格也比较稳定。

## 二、种植丹参时如何选地整地

根据丹参的生活习性，应选择光照充足、排水良好、土层深厚、质地疏松的砂质壤土。土质黏重、低洼积水、有物遮光的地块不宜种植。每亩施入充分腐熟的有机肥2000～3000千克作基肥，深翻30～40厘米，耙细整平，做畦，地块周围挖排水沟，使其旱能浇、涝能排。

## 三、丹参的繁殖方法

丹参有四种繁殖方法，包括种子繁殖、分根繁殖、芦头繁殖和扦插繁殖。生产上多采用种子繁殖和分根繁殖。

### 1. 种子繁殖

丹参种子发芽率为30%～65%。幼苗期间只生基生叶，2龄苗才会进入开花结实阶段，种子千粒重为1.4～1.7克。

春播：于3月下旬在畦上开沟播种，播后浇水，畦面上加盖塑料地膜，保持土温18～22℃和一定湿度，播后半月左右可出苗。出苗后在地膜上打孔放苗，苗高6～10厘米时间苗，5—6月可定植于大田。

秋播：6—9月，种子成熟后，分批采下种子，在畦上按行距25～30厘米，开1～2厘米深的浅沟，将种子均匀地播入沟内，覆土荡平，以盖住种子为宜，浇水。约半月后便出苗。

## 2. 分根繁殖

开 5～7 厘米沟，按株距 20～25 厘米，行距 25～30 厘米将种根撒于沟内，覆土 2～3 厘米，覆土不宜过厚或过薄，否则难以出苗。栽后用地膜覆盖，利于保墒保温，促使早出苗、早生根。每亩用丹参种根 60～75 千克。

## 3. 芦头繁殖

按行株距 25 厘米挖窝或开沟，沟深以细根能自然伸直为宜，将芦头栽入窝或沟内，覆土。

## 4. 扦插繁殖

于 7—8 月剪取生长健壮的茎枝，截成 12～15 厘米长的插穗，剪除下部叶片，上部保留 2～3 片叶。在备好的畦上，按行距 20 厘米开斜沟，将插穗按株距 10 厘米，插入土 2～3 厘米，顺沟培土压实，浇水遮阴，保持土壤湿润。一般 20 天左右便可生根，成苗率 90% 以上。待根长 3 厘米时，便可定植于大田。

# 四、何时种植丹参

丹参种植一般分春季、夏季和秋季。春季栽种在 3 月下旬至 4 月上旬；秋季栽种在 10 月下旬至 11 月上旬；秋季丹参种子成熟后即可播种，低山丘陵区采用仿野生栽培丹参时，可在 7—8 月雨季播种。奈曼地区春播宜在 4 月中下旬采用地膜栽培，可提早出苗。

# 五、丹参田间管理的技术措施

丹参田间管理主要包括中耕除草、追肥、排灌水和摘花等。一般中耕除草 3 次。第 1 次在返青或苗高约 6 厘米时进行，第 2 次在 6 月，第 3 次在 7 月、8 月。封垄后不再进行中耕除草。丹参以施基肥为主，生长期可结合中耕除草追肥。排灌：雨季注意排水防涝。积水影响丹参根的生长，降低产量、品质，甚至烂根死苗。丹参开花期，除准备收获种子植株外，必须分次将花序摘除，以利根部生长，提高产量。

# 六、脱毒丹参在生产上应用前景

丹参是大宗药材品种，病毒感染已成为丹参药材产量低、质量差的重要原因之一。河北省农林科学院药用植物研究中心经过多年研究。明确了侵染丹参的病毒病原种类，建立了"微细胞团块再生法脱除丹参病毒新技术"，获得了丹参脱病毒植株。脱毒丹参产量比对照提高 20% 以上。脱毒丹参的推广应用，将对提高丹参产量和质量起到重要作用。

## 七、生产上丹参如何施肥

一般每亩底施腐熟的有机肥 2000～3000 千克，整个生育期施尿素 25～35 千克/亩、过磷酸钙 35～50 千克/亩，硫酸钾 20～30 千克/亩。其中 40% 的氮肥、全部的磷肥、70% 的钾肥在丹参种植时底施。其余分两次追施，第一次追肥是在花期，60% 的氮肥，10% 的钾肥，以利于丹参的生殖生长；第二次追肥是在丹参生长的中后期 8 月中旬至 9 月上旬，追施余下的钾肥，以促进根的生长发育。为了满足丹参整个生长期对微量元素需求，还可底施一定量的微肥，硫酸锌 3.0 千克/亩、硫酸亚铁 15.0 千克/亩、硫酸锰 4.0 千克/苗、硼酸 1.0 克/亩、硫酸铜 2.0 千克/亩。

## 八、丹参主要病害防治

生产上主要是根腐病和根结线虫病为害严重。贯彻"预防为主，综合防治"的植保方针，通过选用抗性品种。培育壮苗，加强栽培管理，科学施肥等栽培措施，综合采用农业防治，物理防治、生物防治。结合化学防治，将有害生物危害控制在允许范围以内。农药安全使用间隔期遵守 CB/T 8321.1—7，没有标明农药安全间隔期的农药品种，收获前 30 天停止使用。

### 1. 根腐病

为害植株根部。发病初期须根、支根变褐腐烂，逐渐向主根蔓延，最后导致全根腐烂，外皮变为黑色，随着要部腐烂程度的加剧，地上茎叶自下而上枯萎，最终全株枯死。防治方法如下。

农业防治：合理轮作；选择地势高燥、排水良好的地块种植，雨季注意排水；选择健壮无病的种苗。

药剂防治：发病初期用 50% 多菌灵或甲基硫菌灵（70% 甲基托布津可湿性粉剂）500～800 倍液，或 75% 代森锰锌络合物 800 倍液，或 30% 噁霉灵+25% 咪鲜胺按 1∶1 复配 1000 倍液或用 10 亿活芽孢/克枯草芽孢杆菌 500 倍液灌根，7 天喷灌 1 次，喷灌 3 次以上。

### 2. 根结线虫病

在须根上形成许多瘤状结节，植株地上部矮小萎黄。防治方法：建立无病留种田，并实施检疫，防止带病繁殖材料进入无病区。与禾本科作物轮作，不重茬。

### 3. 叶斑病

该病 7—8 月发生。为害叶片，病斑黄色或黄褐色，严重时整个叶片变成灰褐色枯萎死亡。防治方法：发病初期用 50% 多菌灵可湿性粉剂 600 倍液，或 3% 广枯灵（噁霉灵+甲霜灵）600～800 倍液，或 75% 代森锰锌络合物 800 倍液，或 25% 咪鲜胺可湿性粉剂 1000 倍液等喷雾防治。

## 九、丹参药材采收和加工

分根繁殖的丹参，种植当年秋季或第 2 年春天萌芽前采收，通辽奈曼地区在 10 月上中旬采收。种子繁殖的丹参一年半采收。采收时从垄的一端顺垄挖采，也可采用深耕犁机械采挖，注意尽量保留须根，采挖后晒干或烘干即可，忌用水洗。

# 第二十九章
# 地黄栽培技术

# 一、地黄药用价值

鲜地黄有清热生津、凉血、止血的功效，用于热风伤阴、舌绛烦渴、发斑发疹、吐血和衄血、咽喉肿痛；生地黄有清热凉血、养阴、生津的功效，用于热血舌绛、烦渴、发斑发疹。熟地黄具有滋阴补血、益精填髓的功效，用于肝肾阴虚、腰膝酸软、骨蒸潮热、盗汗遗精、内热消渴、闭经、崩漏、耳鸣目昏、消渴等症。

# 二、种植地黄应如何选用品种

地黄为玄参科植物地黄的新鲜或干燥根茎。因加工方法不同又可分为鲜地黄、生地黄和熟地黄。为常用中药，是四大怀药之一；目前生产中栽培的地黄品种有金状元、北京1号、北京2号、85-5、小黑英等品种；各品种类型的植物学特征、生物学特性、产量潜力和活性成分含量各有不同，可因地制宜的选用。

## 1. 金状元

株型大，半直立。叶长椭圆形。生育期长，块根形成较晚，块根细长，皮细，色黄，多呈不规则纺锤形，髓部极不规则。在肥力不足的瘠薄地种植块根的产量和质量都很低。喜肥，选择土质肥沃的土壤种植其块根肥大，产量高，质量好，等级高。缺点为抗病性较差，折干率低，目前该品种退化严重，栽培面积较小。一般亩产干品450千克左右，鲜干比为（4∶1）～（5∶1）。

## 2. 北京1号

由新状元与小黑英杂交育成。本品种株型较小，整齐。叶柄较长，叶色深绿，叶面皱褶较少。较抗病，春栽开花较少。块根膨大较早，块根呈纺锤形，芦头短，块根生长集中，便于刨挖，皮色较浅，产量高。含水量及加工等级中等（一般三四级货较多）。抗瘠薄，适应性广，在一般土壤都能获得较高产量。栽子越冬情况良好，抗斑枯病较差，对土壤肥力要求不高，适应性广，繁殖系数大，倒栽产量较高，一般亩产干品500～800千克。鲜干比为（4∶1）～（4.7∶1）。

## 3. 北京2号

由小黑英和大青英杂交而成。株型小，半直立，抗病，生长比较整齐，春栽开花较多。块根膨大早，生长集中，纺锤状。适应性广，对土壤要求不严，耐瘠薄，耐寒，耐贮藏。一般亩产干品 550～600 千克。折干率为（4.1∶1）～（4.7∶1）。

### 4. 85-5

本品为金状元与山东单县 151 杂交育成的新品种。株形中等，叶片较大，呈半直立生长，叶面皱褶较少，心部叶片边缘紫红色。块根呈块状或纺锤形，块根断面髓部极不规则，周边呈白色。产量较高，加工成货等级高，一、二等货占 50% 左右。抗叶斑病一般。喜肥、喜光，耐干旱。该品种目前在产区的种植面积较大。

### 5. 小黑英

株形矮小，叶片小，色深，皱褶多，块根常呈拳块状，生育期短，地下块根与叶片同时生长，产量低。其特点是在较贫瘠薄地和肥料少的情况下均能正常生长，抗逆性强，产资稳定，适于密植。由于产量低，加工品等级低，种植面积逐渐缩小。

## 三、如何培育地黄种栽

作繁殖材料用的根茎，生产上俗称"种栽"，种栽的培育方法有以下三种。

### 1. 倒 栽

种秧田选择地势高燥，排水良好，土壤肥沃的砂质壤土，10 年内未种过地黄的地块，前茬作物以小麦、玉米等禾本科作物为宜；种栽田不宜与高粱、玉米、瓜类田相邻。每亩施农家肥 5000 千克，尿素 50 千克、磷酸钾肥 40 千克、过磷酸钙 100 千克。翻耕、耙细整平，按宽 35 厘米、高 15 厘米起垄。

于 7 月中下旬，在当年春种的地黄中，选择生长健壮，无病虫害的优良植株，将根茎刨出来截成 3～5 厘米长的小段，并保证每段具有 2～3 个芽眼。按行距 20 厘米，株距 10～12 厘米栽种，开 5 厘米深的穴，将准备好的母种植入穴内，覆土，镇压，耧平，即可。

田间管理主要是浇水和施肥，封垄前亩追施尿素 15 千克，可结合浇水施入，也可根部挖坑追施。浇水、排水应以降雨及土壤含水量情况而定，土壤含水量低于 20% 的情况下浇水。采用小水漫灌的方式。阴雨天及时排出田间积水。培育至翌年春天挖出分栽，随挖随栽。这样的种栽出苗整齐，产量高，质量好，是产区广泛采用的留种方法。

### 2. 窖　贮

秋天收获时，选无病无伤，产量高。抗病强的中等大小的地黄，随挑随入窖。窖挖在背阴处，深宽各 100 厘米，铺放根茎 15 厘米厚，盖上细土，以不露地黄为度。随着气温下降，逐渐加盖覆土，覆土深度以地黄根茎不受冻为原则。

### 3. 原地留种

春天栽培较晚或生长较差的地黄，根茎较小，秋天不刨，留在地里越冬。待第二年春天种地黄前刨起，挑块形好，无病虫害的根茎做栽子。大根茎含水量较高，越冬后易腐烂，故根茎过大的不用此法留种。

## 四、地黄种栽的分级

地黄种栽按其粗细等性状可分为如下三级。

一级种栽：品种优良，直径 1～2 厘米，粗细均匀，芽眼致密，外皮完整。无破损，无病斑、黑头。

二级种栽：品种优良，直径 0.5～1 厘米，粗细均匀，芽眼致密，外皮完整，无破损，无病斑、黑头。

三级种栽：品种优良，粗细不均匀，芽眼较稀疏，外皮完整，无破损，无病斑、黑头。

## 五、种植地黄如何选地、整地及施底肥

地黄适应性强，对土壤要求不严，但以有排灌条件、土层深厚、肥沃疏松的沙壤土和壤土生长较好；黏土和盐碱地生长差。喜欢阳光，怕积水。前茬以禾本科植物较好；忌以芝麻、棉花、瓜类、薯类等为前茬，不能重茬；间隔年限不能少于 8 年，且不宜与高秆作物及瓜豆为邻，否则易发生红蜘蛛；春种地黄于上年秋季，每亩施入经过无害化处理的农家肥 4000 千克。三元素复合肥（N、P、K 分别为 17：17：17）75 千克作基肥，深翻 20～30 厘米，整平耙细做畦待播。

## 六、如何栽种地黄

当 5 厘米地温稳定在 10℃ 以上时种植地黄，适宜种植时间一般在 4 月中、下旬。栽种前 2～3 天，先选种栽，要选健壮、皮色好、无病斑虫眼的种栽。将选好后的块茎掰成 3～4 厘米的小段，每段要有 2～3 个芽眼；用 70% 甲基硫菌灵或 50% 多菌灵可湿性粉剂 800 倍液浸秧 15～20 分钟。捞出晾干表面水分后即可栽种，忌暴晒。在打好垄的地内，每垄栽 2 行；在上面按行距 20 厘米开深 3～5 厘米沟（或挖穴），将处理过的块茎按株距 4 厘米放一块种栽后覆土，稍加镇压即可，栽后盖地膜提温保墒。

## 七、地黄田间管理的技术措施

地黄田间管理主要包括中耕除草与定苗、浇水排水、追肥、摘蕾等技术措施。

### 1. 中耕除草与定苗

地黄播种后 20～30 天即可出苗，出苗后田间若有杂草可进行浅锄，当齐苗后进行一次中耕、松土除草，因地黄根茎多分布在土表 20～30 厘米的土层里，中耕宜浅，避免伤根，保持田间无杂草即可。植株将封行时，停止中耕。注意勿损伤种栽，出苗一个月后定苗，每穴留一壮苗。中后期为避免伤根可人工拔除杂草。

### 2. 浇水、排水

地黄生长前期，根据墒情适当浇水，生长中后期若遇雨季及时排水。药农有"三浇二不浇"的说法。"三浇"是：施肥后及时浇水，以防烧苗和便于植物吸收肥料中的养分；夏季暴雨后浇小水，以利降低地温，防止腐烂；久旱不雨时浇水，以满足植株对水分的要求。"三不浇"是：天不旱不浇；正中午不浇；将要下雨时不浇。高温多雨季节，注意排水防涝。

### 3. 追 肥

于 7—8 月追肥 1 次，每亩追施氮、磷、钾复合肥 50 千克，封垄后用 1.5% 尿素加 0.2% 磷酸二氢钾进行叶面施肥喷施 2～3 次，叶面喷肥亩用水量不低于 45 千克方能喷得均匀，效果好。

### 4. 摘 蕾

发现有现蕾的植株应及时摘蕾，以集中养分供地下块根生长，促进根茎膨大。

## 八、地黄主要病虫害的综合防治

地黄常见的病害主要有斑枯病、轮纹病、根腐病等，虫害主要有红蜘蛛和地下害虫。

### 1. 斑枯病

为害叶片，病斑呈圆形或椭圆形，直径 2～12 毫米，褐色，中央色稍淡，边缘呈淡绿色；后期病斑上散生小黑点，多排列成轮纹状，病斑不断扩大。发生严重时病斑相互汇合成片，引起植株叶片干枯。防治方法如下。

农业防治：与禾本科作物实行两年以上的轮作；收获后清除病残组织，并将其集中烧毁。合理密植，保持植株间通风透光。选择抗病品种，如北京 2 号、金状元等。

化学防治：选用 50%多菌灵可湿性粉剂 600 倍液，或甲基硫菌灵（70%甲基托布津可湿性粉剂）800 倍液，或 50%苯菌灵 1000～1500 倍液，或 80%代森锰锌络合物 800 倍液，或 25%醚菌酯 1500 倍液等喷雾，药剂应轮换使用，每 10 天喷 1 次，连续 2～3 次。

### 2. 轮纹病

主要为害叶片，病斑较大，圆形，或受叶脉所限呈半圆形，直径 2～12 毫米，淡褐色，具明显同心轮纹，边缘色深；后期病斑易破裂，其上散生暗褐色小点。防治方法如下。

选用抗病品种，如北京 2 号等抗病品种，减轻病害发生。

秋后清除田间病株残叶并带出田外烧掉；合理密植，保持田间通风透光良好。

发病初期摘除病叶，并喷洒 1∶1∶150 波尔多液保护；发病盛期喷洒 80%络合态代森锰锌 800 倍液或 50%多菌灵可湿性粉剂 600 倍液，或 25%醚菌酯 1500 倍液，或 70%二氰蒽醌水分散粒剂 1000 倍液喷雾，7～10 天喷 1 次，连续喷 2～3 次。

### 3. 根腐病

主要为害根及根茎部。初期在近地面根茎和叶柄处呈水渍状腐烂斑，黄褐色，逐渐向上、向内扩展，叶片萎蔫。病害发生一般较粗的根茎表现为干腐，严重时仅残存褐色表皮和木质部，细根也腐烂脱落。土壤湿度大时病部可见棉絮状菌丝体。防治方法如下。

农业防治：与禾本科作物实行 3～5 年轮作，苗期加强中耕，合理追肥、浇水，雨后及时排水；发现病株及时剔除，并携出田外处理。

化学防治：种植前用 50%多菌灵可湿性粉剂 500 倍液，或 30%噁霉灵水剂 1000 倍液，或 25%咪鲜胺可湿性粉剂 1000 倍液灌浇栽植沟，或发病初期用 50%多菌灵可湿性粉剂 600 倍液，或 70%甲基硫菌灵 1000 倍液，3%广枯灵（恶霉灵+甲箱灵）600 倍液，或 25%咪鲜胺可湿性粉剂 1000 倍液喷淋，7～10 天喷 1 次，喷灌 3 次以上。拔除病株后用以上药剂淋灌病穴，控制病害传播。

### 4. 红蜘蛛

发生初期用 1.8%阿维菌素乳油 2000 倍液，或 0.36%苦参碱水剂 800 倍液，或 20%哒螨灵可湿性粉剂 2000 倍液，或 57%炔螨酯乳油 2500 倍液，或 73%克螨特乳油 1000 倍液喷雾防治。

### 5. 地老虎

成虫产卵前利用黑光灯诱杀。鲜蔬菜或青草∶熟玉米面∶糖∶酒∶敌百虫，按 10∶1∶0.5∶0.3∶0.3 的比例混拌均匀，晴天傍晚撒于田间即可。幼虫期用 50%辛硫磷乳油 0.25 千克与 80%敌敌畏乳油 0.25 千克混合，拌细土 30 千克，或用 3%辛硫磷颗粒剂 3～4 千克，混细沙土 10 千克制成药土，在播种或栽植时撒施，均匀撒施田间后浇水，也可用 90%敌百虫晶体、50%辛硫磷乳油 800 倍液等灌根防治幼虫。

## 九、地黄的采收和加工

地黄于栽种当年 10 月中下旬至 11 月上旬叶片枯黄，地上部停止生长，即可收获。深挖防止伤根，洗净泥土即为鲜地黄。将地黄用文火慢慢烘焙至内部逐渐干燥而颜色变黑，全身柔软，外皮变硬，取出即为生地黄。生地黄加黄酒，黄酒要没过地黄，炖至酒被地黄吸收，晒干即为熟地黄。生产出来的产品要按照大小分级归类，忌堆放。一般亩产干品 500～600 千克。

# 第三十章
# 枸杞子栽培技术

## 一、枸杞子药用价值

枸杞子味甘、性平，具有滋阴补血、益精气、明目安神、提高免疫力等作用。枸杞子也有抗肿瘤、抗氧化、抗衰老、保肝抗疲劳、还有一定的降压作用。

## 二、枸杞如何进行育苗

枸杞育苗可以用种子繁育也可以用半木质化的嫩枝扦插，生产上一般都用扦插苗，扦插时间一般都选在5—7月。方法：从优良品种或优良单株上采集半木质化枸杞枝条，剪成3~4个节长，枝梢留长6~8个节，叶片保留，以有利于成活。

### 1. 嫩枝扦插插条处理

用枸杞生根剂1号加水2500倍，再加滑石粉调成糊状，或枸杞生根剂2号加水1000倍，速沾插条下端1~1.5厘米处后扦插。

### 2. 嫩枝扦插种植方法

按5厘米×10厘米株行距定点，用细树枝在沙床上插1~2厘米深小孔，将浸沾生根剂的插条插入孔里，填细沙，用手指稍微按实。然后喷水，盖塑料拱棚，并遮荫，使透光率为自然光的30%左右，相对湿度80%以上，温度30~34℃。

枸杞苗种植嫩枝扦插是近几年出现的新技术，其最大特点是繁殖率高，节省插条和土地，每平方米插条200株，成活率在70%以上，因此生产上大力采用这种繁殖方法。

枸杞扦插育苗也可以在早春选择健壮枝条剪成10厘米长的段，浸泡在清水中待用，将地深翻整平耙细，浇透水后覆膜。用竹签在膜上按8厘米×20厘米的株行距打孔，将插条2/3插入膜下，上面露出两个芽节。出苗后只留一个健壮枝条。

## 三、大田栽植

枸杞是茄科强阳性灌木，耐寒、耐旱、耐盐碱、耐瘠薄，怕涝，以在土层深厚的沙壤土上种植为好。亩施优质农家肥5000千克，二铵50千克，深翻30厘米，拌匀。

按株行距2米×2.5米挖直径30～40厘米，深30～40厘米的穴，每穴定植2～3株，定植后回填混合均匀的大田熟土与优质腐熟的有机肥，定植后踩实，浇透水覆膜保墒。

## 四、田间管理与修剪

枸杞幼树长高后会发生倒伏，需要搭建支架，栽植后还要对幼树整形，当枝条长高后在距地面40～50厘米处选留4～5个健壮枝，其余枝条剪掉。待选留枝条长到30厘米时，在20厘米处剪掉，待新枝再长到30厘米时，再在20厘米处剪掉，这样，枸杞树型的基本骨架就形成了。成树修剪要经常剪除扫地枝、病弱枝、重叠枝、交叉枝。对徒长枝要从基部疏除。对缺枝部位的徒长枝要打顶缓放培养结果枝组。也可剪留二分之一，促侧枝补空。总的原则是：疏密分布均匀合理，通风透光，长短截结合，既要多结果又要长树。

## 五、病虫害防治

枸杞的病害主要是黑果病，主要发生在高温高湿的雨季，染病后，受害的花果变黑。防治方法：摘除染病的花果后，喷施大生活代森锰锌均可，每隔7天喷一次，连续喷施2～3次，防治效果明显。

枸杞蚜虫防治方法：发现有蚜虫时立刻防治，封闭中心发病株，用吡虫啉或啶虫脒封闭全田即可。

## 六、采收和加工

栽植两年生的枸杞苗当年就能结果，一般7—10月枸杞果陆续成熟，人工采摘后晾晒或烘干，刚摘下的枸杞果不可以直接放在太阳底下直晒，待枸杞果皱皮以后才可以放在太阳底下晾晒。晾晒厚度不可超过3厘米，晾晒过程中不可以用手翻动，直接用手翻动果实会变黑。待果实水分降至12%时即可收起保存。

# 第三十一章
## 款冬花栽培技术

款冬花为菊科多年生草本植物款冬的干燥花蕾。具润肺止咳、消痰、下气之功效。主产于河南、甘肃、山西、陕西等省。

## 一、形态特征

多年生草本，株高 10～25 厘米。叶基生、叶阔心形、具长柄，叶片圆心形，基部心形，边缘有波状疏齿，上面暗绿色，光滑无毛，下面密生白色茸毛，具掌状网脉，主脉 5～9 条。花茎数个，长 5～10 厘米，被白茸毛，具互生鳞片叶 10 余片，淡紫褐色；头状花序单一，顶生，花黄色；缘花多呈舌状，雌性，中央花管状，雄性，雄蕊 5 个，聚药。瘦果长椭圆形，有明显纵棱，具冠毛。花期 2—3 月（通辽当地种植 4—5 月），果期 4—5 月（通辽地区是 5—6 月）。

## 二、生长习性

喜凉爽潮湿环境，耐严寒，较耐荫蔽，忌高温干旱，宜栽培于海拔 800 米以上的山区半阴坡地。款冬在气温 9℃ 以上就能出苗，适宜生长温度 16～24℃，超过 36℃ 就会枯萎死亡，3—8 月营养生长，款冬花蕾从 9 月开始分化，10 月后花蕾形成，翌年 2 月花茎出土，开花结实。成熟种子发芽率较高，但不宜室温贮藏，在室温条件下，3～4 个月丧失发育能力，同时由于种子繁殖植株小，栽培年限长，生产中多采用根状茎繁殖。

## 三、栽培技术

### 1. 选地、整地
款冬对土壤适应性较强，但以土壤肥沃、比较潮湿、底层较紧的砂壤土为好，开好排水沟，施足基肥，坡地种植一般不做畦。

### 2. 繁殖方法
生产上采用根状茎繁殖。初冬或早春栽种，冬栽结合收获进行，春栽需将根茎沙藏处理。种栽应选粗壮多毛、色白无病虫害的根状茎作种，剪成 6～10 厘米小段，其上要求有 2～3 个芽节。按行距 30 厘米左右开 6～10 厘米的深沟，按株距 15～20 厘米，将根状茎摆在沟内，覆土压实。春栽温度适宜时，

15 天左右即可出苗。每亩需种茎 30 千克左右。

### 3. 田间管理

**（1）中耕除草**

8 月以前中耕不宜太深，同时在 6—8 月中耕时，同时进行根部培土，以防花蕾分化后长出土表变色，影响质量。

**（2）肥、水管理**

一般在秋季结合中耕进行，以农家肥为主。款冬忌积水，但又喜潮湿，在栽培管理时应注意。

**（3）植株调整**

6—7 月叶片生长旺盛，叶片过密时，可去除基部老叶、病叶，以利通风，9 月上、中旬可割去老叶，只留 3～4 片心叶，以促进花蕾生长。

### 4. 病虫害防治

**（1）褐斑病**

夏季田间湿度过大易发生此病，为害叶片，病斑近圆形，中央褐色，边缘紫红色。防治方法：做好雨后排水工作；发病初期喷施 1∶1∶100 波尔多液或 50%甲基托布津可湿性粉剂 1000 倍液。

**（2）菌核病**

6—8 月高温多湿时发生，严重时根系糜烂，植株枯萎。防治方法：①注意轮作及排水工作；②出苗后用 5%氯硝铵粉剂预防，发现病株拔除并进行土壤消毒。

**（3）蚜　虫**

夏季干旱时，发生较为严重。可用吡虫啉 800 倍液喷雾防治。

## 四、采收加工

11—12 月在花蕾尚未出土时，挖出花蕾，如花蕾带有泥土时，切勿水洗、搓擦，否则会变色，影响质量，收后的花蕾忌露霜及雨淋，应放在通风阴凉处阴干。在晾的过程中也不能用手翻动，待半干时筛去泥土，去净花梗再晾至全干。以蕾大、肥壮、色紫红鲜艳、花梗短者为佳。木质老梗及已开花者不可供药用。

# 第三十二章
# 草红花栽培技术

草红花为菊科红花属植物红花（ *Carthamus tinctorius* L. ），以花入药。为妇科药，具有活血化瘀、消肿止痛的功能，主治痛经闭经，子宫瘀血，跌打损伤等症。红花除药用外，还是一种天然色素和染料。种子中含有 20%～30% 的红花油，是一种重要的工业原料及保健用油。红花主产于河南、浙江、四川、河北、新疆、安徽等地，全国各地均有栽培。

## 一、植物特性

一年生草本，高 30～100 厘米，全林光滑无毛。茎直立，上部有分枝。叶互生，叶抱茎无叶柄，长椭圆形或卵状极针形，长 4～9 厘米，宽 1～3.5 厘米，先端尖，基部渐窄，边缘不规则的锐锯齿，齿端有刺；上部叶渐小，成苞片状，围绕头状花序。夏季开花，头状花序顶生，直径 3～4 厘米；总苞近球形，总苞片多列，外侧 2～3 列按外形，上部边缘有不等长锐刺；内侧数列卵形，边缘为白色透明膜质，无刺；最内列为条形，鳞片状透明薄膜质，有香气，先端 5 深裂，裂片条形，初开放时为黄色，渐变淡红色，成熟时变成深红色；雄蕊 5 个，合生成管状，位于花冠上；子房下位，花柱细长，丝状，柱头 2 裂，裂片舌状。瘦果类白色，卵形，无冠毛。

## 二、生长特性

红花喜温暖和稍干燥的气候，耐寒，耐旱，适应性强，怕高温，怕涝。红花为长日照植物，生长后期如有较长的日照，能促进开花结果，可获高产。红花对土壤要求不严，但以排水良好、肥沃的沙壤土为好。

## 三、栽培技术

### 1. 选地整地

选择肥沃的排水良好的沙壤土。前茬作物以玉米、薯类、水稻为好。作物收后马上翻地 18～25 厘米深，整细耙碎，施底肥每公顷 2500～3000 千克，隔数日后再犁耙一次，播种前再耙一次，使土壤细碎疏松。做畦，便于排水。

### 2. 繁殖方法

#### （1）采种选种

栽培红花，应当建立留种地。收获前，将生长正常、株高适中、分枝多、花朵大、花色橘红、早熟及无病害的植株选为种株。待种子完全成熟后即可采收。播种之前，须用筛子精选种子，选出大粒、饱满、色白的种子播种。

**（2）播　种**

北方以春播为主。清明过后即可播种，行距 40 厘米，株距 25 厘米挖穴，穴深 2～4 厘米，然后每穴放 2～3 粒种子，踩实，搂平浇水。亩用种量 3～4 千克。播后盖土 3 厘米左右。

### 3. 田间管理

**（1）间苗、补苗**

红花播后 7～10 天出苗，当幼苗长出 2～3 片真叶时进行第一次间苗，去掉弱苗，第二次间苗即定苗，每穴留 1～2 株，缺苗处选择阴雨天补苗。

**（2）中耕除草**

一般进行三次，第一、二次与间苗同时进行，除松表土外，深 3～6 厘米，第三次在植株郁闭之前进行，结合培土。

**（3）追　肥**

追三次肥，在两次间苗后进行，每公顷施人畜粪水 6000～11250 千克，第二次追肥每公顷应加入硫酸铵 150 千克，第三次在植株郁闭、现蕾前进行，每公顷增施过磷酸钙 225 千克。

**（4）摘　心**

第三次中耕追肥后，可以适当摘心，促使多分枝，蕾多花大。

**（5）排水、灌溉**

红花耐旱怕涝，一般不需浇水，幼苗期和现蕾期如遇干旱天气，要注意浇水，可使花蕾增多，花序增大，产量提高。雨季必须及时排水。

### 4. 病虫害防治

**（1）根腐病**

5 月初，开花前后，如遇阴雨天气，发生尤其严重。先是侧根变黑色，逐渐扩展到主根，主根发病后，根部腐烂，全株枯死。

防治方法：发现病株要及时拔除烧掉，防止传染给周围植株，在病株穴中撒一些生石灰消毒，用 50% 的托布津 1000 倍液浇灌病株。

**（2）钻心虫**

钻心虫对花序为害极大，一旦有虫钻进花序中，花朵死亡，严重影响产量。

防治方法：在现蕾期应用除虫菊酯叶面喷雾 2～3 次，把钻心虫杀死。

（3）蚜 虫

用吡虫啉或啶虫脒即可有效防治蚜虫。

## 四、采收加工

一般红花 6 月份开花，北方 8 月份采收结束，进入盛花期后，应及时采收红花。红花满身有刺，给花的采收工作带来麻烦，可穿厚的牛仔衣服进田间采收，也可在清晨露水未干时采收，此时的刺变软，有利于采收工作，一般每亩可采收红花 20～30 千克。红花籽成熟后收获保存，一般每亩收获红花籽 150～200 千克。

采回的红花，放阴凉处阴干，也可用文火焙干，温度控制在 45℃ 以下，未干时不能堆放，以免发霉变质。